KB268715

옛날 빵과 오래된 주전부리를 찾아가는

촐촐한 간식 여행

즐거운상상

소소한 맛을 따라가는
따뜻한 간식 여행

● 　우리 입맛은 어느새 꽤나 세련돼졌다. 언제부터 우리가 이렇게 색다른 맛, 신기한 맛, 나를 즐겁게 하는 맛을 찾아 다니게 되었을까. 어디를 가 봤다는 이야기처럼 무엇을 먹어봤다는 이야기가 자주 이슈가 되기도 한다. 그런데 최근 몇 년 사이에 각 지역의 옛날 빵집이나 오래된 간식에 대한 복고 바람이 태풍처럼 불고 있다. 서울에는 효자 베이커리가 있고 전주에는 풍년제과가, 대전에는 성심당이, 군산에는 이성당, 목포에는 코롬방제과가 있다. 그야말로 문전성시다. 길게는 100년 전부터 짧게는 30년 동안 버텨낸 빵집들의 전성시대가 온 것이다. 인기 빵집에 갈 때마다 어디서 왔는지 길게 줄 서 있는 사람들의 모습에 한 번 놀라고, 빵들이 순식간에 팔려 나가는 모습에 두 번 놀랐다. 정신없이 바쁘게 돌아가는 매장 안에서 주인과의 인터뷰는 정말 어지러울 지경이었다.

오래된 빵집의 인기 비결은 무엇일까. 지난 10여 년 간 대기업 프랜차이즈의 바람을 타고 어느 동네를 가나 맛은 표준화되어버렸다. 처음에는 세련되었다고 생각했던 그 맛에 싫증이 날 때쯤 옛 것을 돌아보니 그것들은 모두 사라지고 없었고 사라지고 나니 그리웠던 것이다. 먹을거리며 술집이며 노래까지 한참 복고 열풍이 불었고 대중매체는 다시 이를 열렬히 다루기 시작했다. 그러면서 오래된 빵집들과 지역의 오래된 간식들이 관심을 끌기 시작했다. 옛날 빵맛을 찾아 떠난 여행에서 천안 호두과자, 경주 황남빵, 통영 꿀빵, 진주 찐빵, 전주 꽈배기, 대구 납작만두, 부산 씨앗호떡, 안동 버버리찰떡,

충무 김밥 등 지역의 독특한 주전부리까지 맛보고 싶어지는 것은 당연하다.

그런데 그 복고풍을 즐기는 세대가 아이러니하다. 빵집 안을 서성이는 사람들은 대부분 20~30대다. 청춘들만 이용할 수 있는 자유기차티켓인 '내일로'도 한 몫 했고 SNS나 블로그의 '넷소문'도 이를 거들었다. 직접 그곳에 가기 힘든 이들은 택배를 공략하기도 한다. 그러니 오래된 빵집과 지역 간식집들은 몰려오는 젊은 손님 뿐 아니라 중장년층의 택배 주문을 밀리도록 받게 됐다. 간혹 서울의 유명 백화점에서 행사라도 할라치면 그 인기는 '아이돌' 저리가라다. 어쨌든 오래된 빵집, 오래된 간식집 주인들은 지금 즐거운 아우성 중이다.

《출출한 간식 여행》에는 많은 사람들이 '맛있다' 혹은 '썩 괜찮다'고 인정한 전국의 가게들을 골라 실었다. 뜨내기 여행자들이나 SNS상에서 유명한 집들보다는 지역민들이 먼저 맛있다고 추천한 집, 최소한 10년 이상의 역사를 간직한 집, 어떤 방식으로든 전통을 이어가는 집 등을 고르려 했다. 오랫동안 사라지지 않은 집에는 대중이 사랑할 수밖에 없는 이유가 있을 것이고 그 이유는 그 집만의 독특한 개성으로 남아 있을 것이기 때문에 그런 점을 취재하려고 애썼다.

"맛있다고 해서 일부러 여기까지 왔는데, 이게 뭐야!" 하며 실망할 수도 있을 독자들이 있을까 봐 지레 걱정이 앞선다. 많은 사람들이 좋아하고 먹고 싶어 하는 간식을 맛봤다는 경험쯤으로 이해해주길 부탁드린다. 빵 맛을 두루 보기 위해 하루 세 끼를 모두 같은 집의 빵으로 때운 적도 있다. 몇 시간을 달려 찾아갔지만 더 이상 알려지는 걸 원치 않는다며 취재를 거절당하기도 했다. 그럼에도 이번 '간식 여행'이 신났던 이유는 소소한 맛을 보며 다니는 여행의 잔잔한 재미를 알았기 때문이다. 이 소소한 맛들은 단지 혀를 기쁘게 하는데 그치지 않고 종종 마음을 편안하게 하거나 따뜻하게 만들어 준다. 문득 이런 생각을 했다. '혀와 코를 자극하는 '감각적 맛' 뿐 아니라, 가슴을 휘어 감는 궁극의 '삶 맛'을 찾으며 살아봐야겠다고.

2014년 여름
옛날 단팥빵 한 입 베어 물며, 이송이

CONTENTS

PART 2
경상도

CONTENTS

PART 3
서울 · 강원도

* 이 책에 실린 내용은 직접 취재한 것을 바탕으로 구성했습니다.
  2014년 6월을 기준으로 적용했지만 가격이나 위치 등은 변동될 수 있으니 미리 확인하는 것이 좋습니다.
* '카스테라', '도너츠', '고로케' 등은 맞춤법에는 맞지 않지만 현장에서 쓰는 용어를 그대로
  살렸음을 알려드립니다.

전국 간식 지도

속초
만석닭강정
아바이순대
찹쌀호떡

강릉
감자송편

서울
효자베이커리
기름떡볶이
김용안과자점
손맛김밥

인천
화덕만두

천안
호두과자

풍기
정도너츠

안동
버버리 찰떡
안동식혜

청주
쫄쫄호떡

대전
성심당

군산
미성당
중동호떡
짬탕

전주
풍년제과
백일홍 빵집
꽈배기

영천
군만두

대구
마약떡볶이
납작만두

경주
황남빵
경주빵
찰보리빵

담양
김순옥 댓잎찹쌀도너츠

광주
상추튀김

목포
코롬방제과
쑥꿀래

부산
씨앗호떡
B&C 베이커리
남포동 먹자골목

진주
수복빵집

통영
오미사꿀빵
똥보할매김밥
빼떼기죽

여수
갓구운

순천
화월당
조훈모과자점

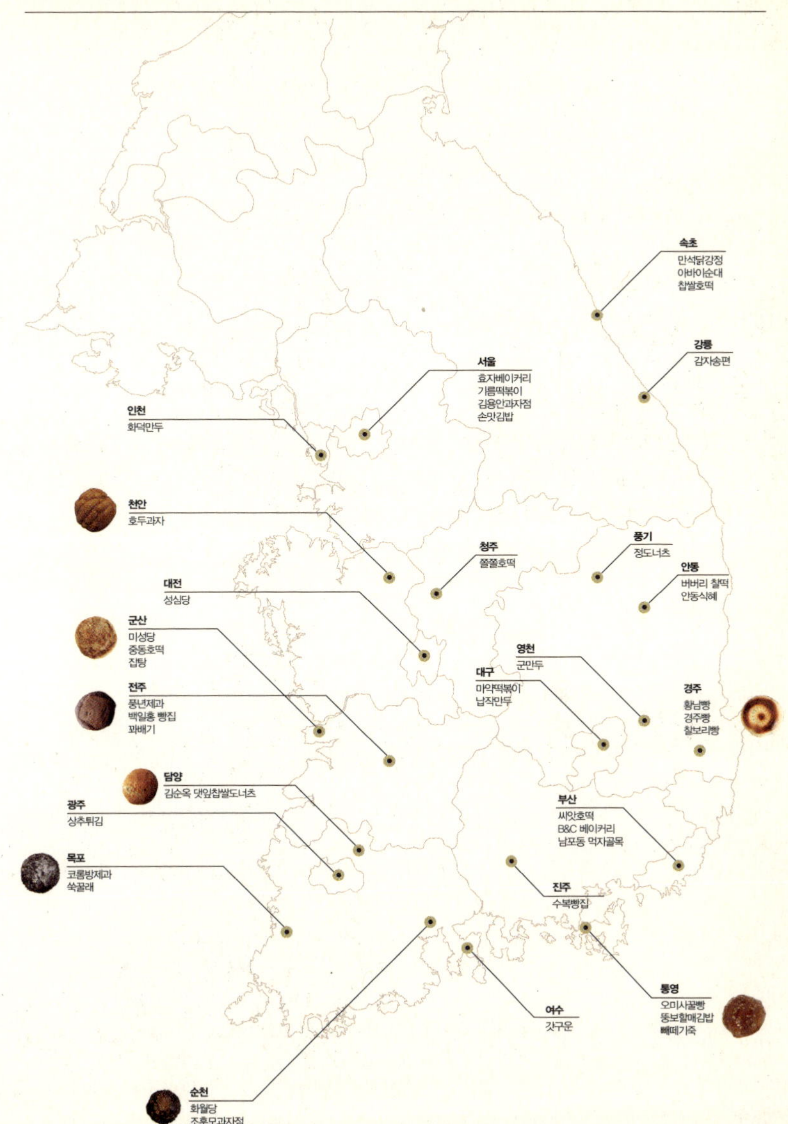

Part 1
전라도 . 충청도

수제 초코파이가 뭐길래

전주_풍년제과

전국 각지에서 몰려든 여행객들로 붐비는 전주한옥마을 옆, 풍년제과는 요즘 젊은이들로 문전성시다. 빵집 안이 장터처럼 바글바글하다. 그것도 외지에서 온 젊은 층이 대부분이다. 옛날 빵에 대한 추억 어린 향수도 딱히 없을 대학생들이 세련된 프랜차이즈 베이커리 대신 전주의 오래된 빵집에 몰려드는 이유가 궁금하다. 풍년제과에 들어오면 너도나도 일단 집고 보는 것이 초코파이다. 전주에 오면 이 초코파이를 먹기 위해 꼭 풍년제과에 들른다는 청년도 많다. 전주국제영화제와 한옥마을, 기차여행 '내일로' 등을 통해 전주가 젊은 층의 인기 여행지로 부상하면서 풍년제과의 명성도 다시 재조명됐다. 그 중 20~30대의 입맛에 맞는 달달한 풍년제과의 수제 초코파이가 부각됐고 SNS 등을 통해 소문이 퍼졌다. 사실 풍년제과의 역사는 깊다. 1951년부터 지금까지 오랜 시간 한자리를 지켜온 터다. 주인장이 추천하는 제품은 지금은 101살이 된 시아버지가 일제 강점기 때 전수받은

전주한옥마을 옆. 1951년부터
지금까지 한자리를 지켜온
풍년제과는 요즘은
젊은이들로 문전성시다.

센베이 과자다. 시아버지는 이제 몇 안남은 전통 센베이 기능자이다. 센베이는 옛날엔
부잣집에서만 먹던 고급 과자였다. 만드는 공정이 만만치 않고 만드는 과정이 조금만
달라져도 맛의 차이가 확연히 느껴질 만큼 만들기 까다로운 과자다. 굳이 옛날처럼
수작업으로 만드는 이유도 그 때문이다.
풍년제과의 센베이는 땅콩, 생강, 김, 깨, 네 가지 종류가 있는데 구수한 맛의
땅콩 센베이가 두루 인기고 생생강을 직접 갈아 만든 생강 센베이도 감칠맛 난다.
풍년제과에서는 새벽 2시와 오후 2시, 하루 두 번 센베이를 굽는다. 그만큼 수요가 많다.
새벽에 만든 것은 오전에 다 팔리고 오후에 만든 것은 저녁이면 동이 난다. 그날 만든 것은
대부분 그날 모두 팔리고 남는 일은 거의 없다.
빵에도 옛날빵과 요즘빵이 있다. 수제초코파이가 요즘 빵이라면 야채 고로케나 만주,
단팥빵, 연양갱, 카스테라, 술빵, 센베이 같은 것들은 시대를 초월해 인기를 누리는

옛날 빵, 옛날 과자다. 풍년제과의 수제 초코파이가 젊은층에게 인기라면 센베이는
어르신들의 애호 간식이다. 수제 초코파이는 물론 다른 빵들도 금세 팔려나가기 때문에
따로 방부제를 넣을 일이 없다. 빵에 들어가는 설탕이 방부제 역할을 대신한다.
음식이든 간식이든 그 맛을 가늠하는 중요한 요소는 좋은 재료와 빠른 회전율이다.
만들자마자 동이 나는 빵들은 신선할 수밖에 없다. 야채 고로케 등 신선한 재료가
들어가는 빵들을 위해 여주인은 하루에 세 번이나 장을 본다. 찹쌀도 그날그날 빻는다.
맛집 주인이라면 공통적으로 하는 말이지만 풍년제과 역시 재료를 아끼지 않는다.
빵 종류가 너무 많으면 그 중 잘 팔리지 않는 빵이 생기고 전체적인 신선도가 떨어질 수

풍년제과의 제빵사들의
나이는 대부분 60~70대로
특별한 자부심을 갖고 빵을
만들고 있다.

있어 일부러 빵 종류도 늘리지 않는다. 직원들이 자부심을 갖고 빵을 만들 수 있도록
직원들의 처우에도 늘 신경 쓴다고. 덕분에 제빵사들의 나이도 어느새 60~70대가
대부분이다.

얼마 전엔 서울의 모 백화점 특별전에 초대받아 큰 인기를 끌며 대박을 치기도 했지만
그리 달가운 일만은 아니었다. 냉동 반죽이 아닌 그날 만든 신선한 빵을 올리기 위해서
모든 직원들이 밤새 빵을 만들어야 했기 때문이다.

빵을 대량으로 사 가는 사람보다 오히려 좋아하는 빵 한두 개를 수줍게 사가는 손님에게
더 정이 간다는 주인장은 풍년제과의 빵 하나를 사 먹기 위해 일부러 빵집에 들린 손님의
애정에 보답하고 싶어진단다. 손님이 빵을 맛있게 먹는 모습이 주인에겐 말할 수 없는
감동을 준다. 빵을 파는 사람은 빵맛으로 손님을 감동시키고 손님은 그 빵을 맛있게
먹음으로써 주인에게 감동을 주는, 서로를 감동시키는 빵집이 우리 집 근처에 있다면 참
좋겠다.

풍년만주

경주 황남빵과 비슷하다. 얇은 옷에 두껍게 팥소가 들어가 있는데 달지 않아 먹기 편하다. 팥의 결이 거칠어 팥소가 많아도 부담스럽지 않다. 5개 들이에 4,000원.

수제 초코파이

초코파이 안은 마시멜로 대신 생크림과 딸기잼이 혼합되어 들어있다. 초코의 느끼함을 딸기잼이 잡아준다. 초코파이는 빵과 과자의 중간 같은 느낌으로 스콘의 질감과 비슷하다. 초코빵 위에 액상 초코를 한 번 더 묻혀 굳혔는데 굳힌 액상 초코의 맛이 고급스럽다. 1개 1,600원.

센베이

땅콩 센베이는 땅콩 맛과 향이 진하다. 약간 두꺼운 느낌인데도 상당히 바삭하다. 생강 센베이 역시 생강 맛이 진하게 나면서도 먹기 부담스럽지 않은 달달한 맛이다. 생강 센베이는 바로 구워 나와도 약간 눅눅한 느낌인데 이는 생강을 직접 갈아 사용하기 때문이다. 센베이 각 한 봉지에 7,000원.

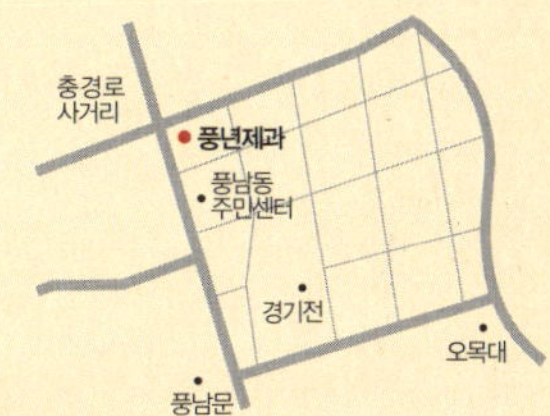

손으로 만들고 마음으로 파는 만두와 찐빵
전주_백일홍 빵집

● 　　백일홍 빵집의 메뉴는 단 두 가지 뿐이다. 바로 만두와 찐빵이다. 반죽부터 모든 공정은 기계의 힘은 전혀 빌리지 않고 손으로만 이루어진다. 모든 과정이 자연스럽게 이루어진다는 것이 백일홍 빵집의 가장 큰 특징이다. 반죽은 이스트를 사용하지 않고 하루 동안 자연발효를 시킨다. 그 날의 온도와 습도, 날씨 등에 따라 반죽을 달리하는데 이는 오로지 만드는 사람의 감에 의지한다.

주인은 25년 동안 만두와 찐빵만을 만들었다. 50여 년 된 찐빵집을 이어받았으니 작고 허름한 찐빵집이지만 70년이 넘는 역사를 자랑한다. 70년 동안 이어져 내려오는 반죽 비법도 있다. 주인의 뒤를 이어 조카가 8년째 배우고 있지만 아직도 멀었다는 것을 보니 이쯤 되면 '찐빵 장인'이라 부를 만도 하다.

오전 9시에 문을 열지만 찐빵과 만두는 오후 3~4시면 떨어질 때가 많다. 빵이 다 팔리면 그날 장사도 끝이다. 모든 과정을 주인 부부가 손으로 하기 때문에 그 날의 반죽으로

만들 수 있는 양이 정해져 있어 더 팔고 싶어도 못 판다. 그래서 매스컴의 홍보도, 백화점의 제휴 손길도 거절할 수밖에 없다. 더 많이 팔기 위해 기계를 사용하기는 싫다고.

손으로 직접 치대고 일정 시간 발효해 만드는 반죽이기 때문에 손님들이 줄을 서기 시작하면 감당이 되지 않는단다. 외지인에게 너무 많이 알려지면 빵이나 만두가 부족해 전주 사람까지 못 먹는 경우가 생길까봐 그것도 조심스럽다. 주인

부부는 그저 욕심 부리지 않고 동네사람들이 맛있게 먹을 수 있는 양 만큼만 팔고 싶다. 밀가루 반죽에 팥 넣고, 밀가루 피에 소 넣고 만드는 그저 그런 찐빵과 만두라지만 아는 사람만 안다는 맛의 미세한 차이를 알기에 오늘도 찐빵과 만두에 정성을 쏟는 주인부부다.

백일홍 찐빵

찐빵의 크기가 작은 만두 크기와 비슷하다. 일반 찐빵의 1/3크기로 어린아이 주먹만 하다. 찐빵은 피가 얇고 쫀득쫀득하며 속이 팥으로 꽉 찼다. 직접 만드는 팥소는 부드럽고 적당히 단 맛 이다. 1인분이 8개 3,500원.

TIP

택배도 되나요? YES
찐빵, 만두 모두 가능하며 10인분부터 주문할 수 있다. 한번 찐 것을 부치기 때문에 당일택배를 이용하며 7000원의 택배비가 추가된다.

AND
대개 오후 3～4시면 찐빵과 만두가 다 팔려 장사를 마무리한다. 단, 3시전에 미리 전화를 해서 예약하면 1인분이라도 팔지 않고 남겨 놓는다. 다음날의 반죽을 준비하는 시간인 저녁 7시까지만 찾아가면 된다. 앉아서 먹을 수 있는 테이블도 있다.

BUT
찜통이 바깥에 나와 있지 않고 가게 안쪽에 들어가 있어서 일반적인 찐빵집이나 만두집과는 달리 밖으로 김이 새어나오지 않는다. 게다가 도로변이 아닌 한적한 곳에 있어 지도를 보고 찾아가도 스쳐 지나치기 쉽다. 길가에 덩그러니 서 있는 커다란 나무를 찾으면 그 근처다.

INFO
address_ 전북 전주시 완산구 경원동 3가 199
(한옥마을에서 도보 10분, 구 완산구청후문 앞)
telephone_ 063-286-3697
time_ 09:00～19:00 (일요일 쉼)

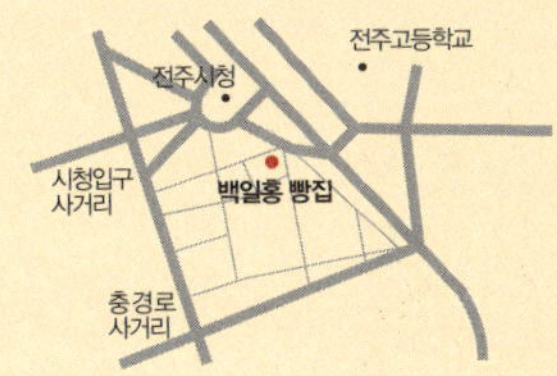

배배 꼬인 길거리 간식

전주_꽈배기

● 　　　전주 영화거리를 지나다보면 무시로 사람들의 줄이 생겼다 흩어지기를
반복하는 작은 가게가 하나 있다. 시네마극장 옆, 노란 간판에 '꽈베기'라는 세 글자를
달고 도너츠와 꽈배기를 파는 집이다. 맘 좋아 보이는 아저씨와 아주머니, 장성한
아들까지 가세해 쉼 없이 꽈배기를 반죽하고 튀긴다. 오전 8시 반부터 반죽을 하고
숙성을 시켜 꽈배기와 도너츠를 튀겨내고 10시부터 판매를 시작한다.
중국식의 딱딱한 꽈배기과자를 비롯해 시장에서 흔히 파는 설탕을 묻힌 폭신한
꽈배기빵과 팥이 든 넙적한 도너츠, 동그란 찹쌀 도너츠 등을 만들어 낸다. 식감이나
맛은 꽤 다르지만 꽈배기과자와 도너츠류 둘 다 두루두루 잘 나가는 편이다. 바로 먹을
거라면 꽈배기빵과 도너츠류를, 두고 먹을 거라면 꽈배기과자를 권한다.
주인아저씨는 밀가루 장사만 40년째다. 붕어빵으로 시작한 노점은 세월이 흘러 꽈배기
가게가 됐고 꽈배기 장사만 15년이 됐다. 한옥마을에도 꽤나 유명해진 꽈배기집이
있지만 전주 토박이들 사이에서는 이 집 꽈배기를 더 알아준다. 한옥마을이 유명해지기

전부터 영화거리의 꽈배기는 전주에서 알아주는 주전부리였다.
올해로 일흔 하나가 된 전창규 씨의 나이가 '꽈베기' 집 역사를
말해준다. 가게 안쪽으로는 작은 숙성상자가 있다. 알아서
온도를 맞춰주는 숙성기가 아니라 주인이 직접 만든 허름한
상자가 숙성실의 전부다. 먼지만 피해 실온에서 감으로
숙성시킨다. 그날의 날씨와 온도, 습도에 따라 달라지는 숙성의

시간과 정도는 주인의 노하우로 맞춘다. 숙성이란 것이 워낙
온도와 습도의 영향을 많이 받는 과정이니 섬세한 감각이
필요한 것은 물론이다. 별다른 배움 없이도 오랫동안 밀가루
장사를 하며 익힌 재료에 대한 경험과 감을 활용하는 것이다. 아날로그다.
그 아날로그적 조리를 요즘은 아들이 돕는다. 조리학과에서 요리와 제빵을 배우고
호주에서 연수까지 한 서른 한 살의 아들 영철군은 이 '꽈베기' 집에선 2년 된 신참이다.
구멍가게 같은 허름하고 볼품없는 작은 가게지만 아들은 자부심이 대단하다.
제빵이론까지 갖춘 신참의 의욕과 욕심이 이 '꽈베기'집의 내일을 보여주는 듯하다.

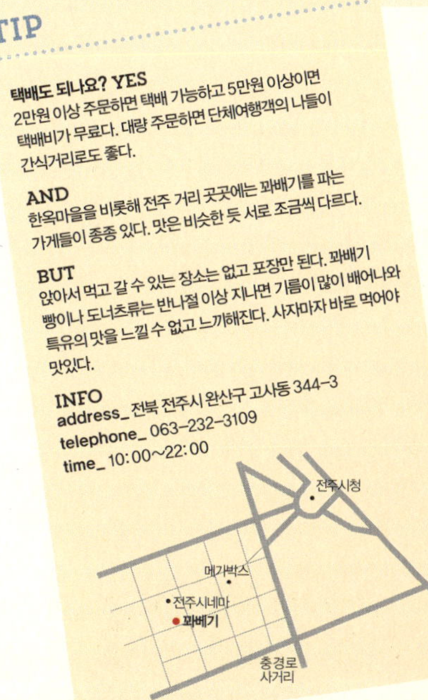

꽈배기빵 & 꽈배기과자

꽈배기빵은 숙성 후 튀겨내 겉은 바삭, 안은 폭신한
식감을 자랑하는 일반 꽈배기빵이다. 반면 꽈배기과자는
차이나타운 등에 흔하게 파는 딱딱한 꽈배기 모양의
과자로 반죽을 부풀리거나 숙성시키지 않고 바로
과자처럼 튀겨낸다. 꽈배기빵은 반나절쯤 지나면 기름이
배어나와 맛이 덜하지만 딱딱하게 튀겨낸 중국식
꽈배기과자는 시간이 좀 지나도 맛있게 먹을 수 있다.

100년 동안 한 자리에서 만든 빵
군산_이성당

군산은 골목골목을 걷는 것만으로도 이국적인 느낌이 물씬 풍기는 도시다. 구도심 곳곳에는 일제의 적산가옥과 근대 건축, 일본식 절 동국사, 미곡을 수탈하던 옛 철길 등이 마치 일제강점기로 돌아간 듯한 느낌을 준다. 최근 젊은 여행자들에게 각광받는 여행지로 떠오르고 있기도 하다. 그러면서 군산의 오래된 빵집은 서울까지 자연스럽게 입소문을 탔다. 바로 옛날 맛 팍팍 살린 단팥빵과 야채빵으로 유명한 이성당이다. 이제 이성당은 군산하면 반사적으로 튀어나오는 군산의 대표빵집, 우리나라에 가장 오래된 빵집으로 알려지고 있다.

최근 2~3년전부터 전국 곳곳에서 지역빵집들이 호황을 누리고 있다. 대전에 성심당이

있다면 군산에는 이성당이 있다. 이씨 성을 가진 주인이 운영한다는 의미의 이성당. 이성당 단팥빵은 언젠가부터 군산에 가면 꼭 한번 먹어보고 싶은 간식이 됐다. 숱하게 매스컴을 탄 결과 이제 너무 유명해져서 군산에 가도 빵 나오는 시간을 맞추지

이성당은 그야말로
역사가 100년이 다 된
오래된 빵집이다.

못하면 쉽게 맛볼 수 없을 때가 많아졌다.

대체 어떤 맛의 빵이길래 이런 인기를 누리는 것일까. 이성당에서는 무엇보다 단팥빵과 야채빵의 맛을 봐야한다. 단팥빵과 야채빵이 구워져 나오는 것은 하루 몇 차례. 그날그날 조금씩 달라지기는 하지만 대체로 일정한 시간에 빵이 나오는데 손님들은 기다린 시간에 대한 보상이라도 받으려는 듯 한 번에 많은 양을 사 간다. 그 통에 단팥빵 쟁반은 빵이 나오자마자 순식간에 바닥을 드러내기 일쑤다.

그러니 빵을 하나하나 비닐포장할 여유나 시간도 없다. 방금 나온 따뜻한 빵이 수북이 쌓이고 손님이 빵을 집어 계산대로 가져가면 바로 포장해 준다. 빵이 채 식기도 전에 빵을 사려는 손님들의 빠른 손놀림이 여간 분주한 게 아니다. 그래서 주말에는 1인당 구매 개수를 제한하기도 한다. 기다렸다가 그냥 가는 일 없이 한두 개의 빵이라도 맛볼 수 있도록 배려한 이성당의 방침이지만 이마저 무색할 정도로 빵은 금세 팔려 나간다.

빵 나오는 시간을 기다려 어렵게 손에 넣은 단팥빵을 크게 한 입 베어문다. 부드럽고 달달한 팥소가 가득 든 단팥빵은 몽실몽실 부드럽다. 단팥빵에 팥이 넘치게 들어있다. 빵보다 팥이 더 많다고 느낄 정도로 팥소가 가득 들어있지만 그리 달지는 않다.

"못 먹고 못 살던 시절부터 먹던 빵이잖아요. 뭐든 넉넉히 넣고 싶어요. 군산까지 와서 어렵게 사먹은 빵 하나가 만족스러워야지 실망스러우면 안 되잖아요. 빵 하나로도 간단한 요기가 될 수 있었으면 좋겠다 싶었어요."

푸근한 엄마 같이 인상 좋은 주인의 말이다. 아삭아삭 야채빵도 옛날 맛 그대로다. 일명 '사라다'가 잔뜩 들어있는 야채빵의 맛은 '추억'이라고 밖에 표현하지 못하겠다. 세련된 맛이 아니라서, 고급스럽지 않고 투박해서 더 정겹다. 우여곡절 끝에 맛본 따뜻한 야채빵 하나가 기다림에 지쳤던 마음을 단숨에 위로한다. 사실 빵이 더 맛있다고 느껴지는 건 빵이 나오기까지의 기다림과 설렘 때문이다. 아무 때고 단번에 살 수 없다는 아쉬움, 누구나 사먹고 싶어 하는 빵을 차지했다는 기쁨, 먼 데서부터 빵집을 찾아갈 때까지 빵 하나에 담겨진 기대 같은 것들이 버무려져 더 맛있게 느껴진다.

이성당 빵의 70퍼센트 정도는 쌀가루를 섞어 만든다. 그 중 블루빵은 100퍼센트 쌀가루

이성당 빵의 70퍼센트 정도는
쌀가루를 섞어 만든다.
쫄깃하고 소화도 잘 되는
쌀가루 빵은 식사 대용으로도
손색이 없다.

빵이다. 먹기에도 쫄깃하고 소화에도 좋은 쌀가루로 만든 빵은 한 끼 식사대용으로 손색없다. 단팥빵 반죽에도 쌀가루가 50퍼센트 이상 섞인다. 블루빵 외에도 쌀꽈배기, 쌀카스테라, 쌀크로와상, 쌀페스츄리 등 다양한 쌀빵이 있다.

이성당은 일본 강점기 때인 1920년대부터 이즈모야라는 이름의 빵집으로 일본인이 운영했는데 레스토랑과 커피숍까지 갖춘, 당시에는 군산에서 가장 큰 빵집이었다고 한다. 그러다가 해방 후 이씨 성을 가진 한국인이 인수하여 현재까지 대대로 이어지고 있다. 해방 후 역사만 따져도 67년에 이른다. 일본강점 시절까지 합하자면 100년이 다 됐다. 백 년 동안 한자리를 계속 지키고 있다는 사실이 놀랍다.

시대의 변천사를 따라 이성당의 겉모습과 빵의 종류도 많은 변화를 거듭했지만
이성당이 내는 빵맛의 노하우는 시대를 타고 내려온다.
이성당에서는 아침 7시 반부터 10시까지 계란프라이와 스프, 커피와 샌드위치가
어우러진 모닝 세트도 판다. 구성이 아기자기하다. 추억이 새록새록 돋는다.
서양식 아침식사를 동경하던 몇 십 년 전 그때부터 현재까지 여전히 인기다.
또 전국의 다른 오래된 빵집들처럼 파스타, 피자, 샌드위치 등 간단한 식사도
할 수 있고 커피, 우유 등의 음료도 판다.
웬만한 길거리 식당도 40년 구력을 쉽게 넘기는 군산. 역사는 거리나 건물,
철길에서도 흐르지만 우리네 음식에서도 생생하게 흐르고 있음을 느끼는 빵 여행이다.
맛에도 잔잔하게 시간이 쌓인다.

이성당의 단팥빵은 이제는
너무 유명해져서 군산에
가서도 살 수 없을 정도다.

단팥빵

빵의 앙금 만드는 회사를 자매회사로 함께
운영해 이성당만의 고유한 팥 맛을 계속
유지하고 있다. 질 좋은 앙금도 아끼지 않고
쓰며, 쌀가루를 50~70퍼센트 혼합해
반죽을 만들어 밀가루 빵보다 빵이 촉촉하고
야들야들하다. 이것이 이성당 단팥빵의
유명세를 명불허전으로 만드는 이유 중
하나다.

야채빵

어린 시절 시장통에서 즉석으로 만들어 팔던
야채빵 맛이다. 얇게 채친 양배추와 양파,
당근 등이 마요네즈 소스와 궁합을 이루어 빵
속에 들어가는데 아삭아삭 씹히는 맛도 좋고
세련되지 않은 투박한 맛도 매력있다. 대형
프랜차이즈의 세련되지만 뭔가 인공적인
맛과 비교하면 집에서 만든 것 같은 홈메이드
스타일이라 더 정감 넘친다.

TIP

택배도 되나요? YES
5만원 이상 구입하면 택배비가 무료이지만 5만원 미만은
택배비 4,000원을 소비자가 부담한다. 단 야채빵은 잘
상하기 때문에 여름에는 택배가 불가하고 추운 계절에만
가능하다.

AND
앉아서 먹을 수 있는 테이블이 제법 넓고 커피류의 음료 뿐
아니라 모닝세트를 비롯해 파스타, 샌드위치 등의 식사류도
판매한다.

BUT
아무 때나 방문하면 단팥빵과 야채빵을 못 먹을 확률이 높다.
빵 나오는 시간이 자주 바뀌니 전화로 미리 확인하는 것이
좋다.

INFO
address_ 전북 군산시 중앙로1가 12-2
telephone _ 063-445-2772, 080-445-2772
time_ 07:30~22;00 (첫째, 셋째 일요일 휴무)

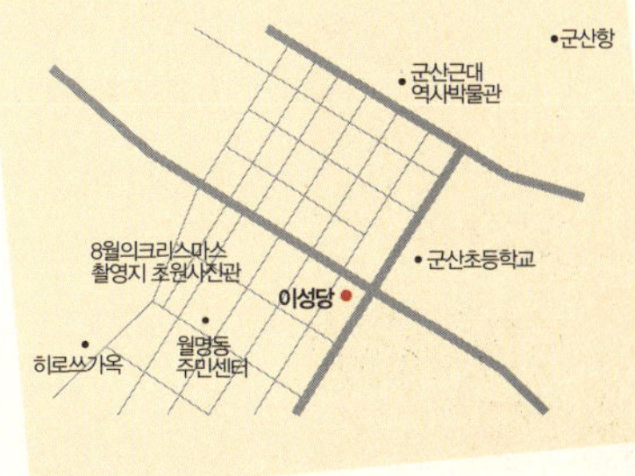

번호표 뽑아 줄 서서 사먹는 중국식 호떡

군산_중동호떡

근대유물이 많이 남아있어 '근대문화도시'라는 별칭을 갖고 있는 군산에 70년 된 호떡집이 있다. 이 호떡 하나를 맛보자고 군산에 오는 여행객도 있다니 대체 어떤 호떡이길래 이토록 유명세를 떨치고 있는 걸까 궁금해진다. 군산의 구 기찻길에서 멀지 않은 중동의 작은 골목에 있는 호떡집은 바닷가 내항에서 경암동 철길마을로 걸어가는 길에서 어렵지 않게 찾을 수 있다. 흔히 포장마차에서 파는 길거리 호떡을 상상하고 찾아간 중동호떡집은 예상 밖으로 멀끔한 가게였다. 원래는 바로 앞의 허름한

가게에서 시작했는데 지금은 꽤나 성공한 호떡 사업으로 보일만큼 번듯한 호떡집이다. 그럴 듯한 간판도 달았다. 바로 앞에 새로 차린 것을 보니 단골이 많아 아예 다른 자리로는 옮길 수 없었던 모양이다. 사실 호떡집과는 영 어울리지 않는 외관이다. 호떡은 길거리 포장마차에서나 파는 '거리 음식'이라고 생각한 것은 내 편견일까. 호떡집에 들어가도 금방 호떡을 먹을 수는 없다. 바쁜 시간,

구운 호떡은 텁텁하지
않고 쫄깃하다.
안에는 흘러넘칠
정도로 흥건한 시럽이
들어있다.

한가한 시간 가릴 것 없이 늘 사람으로 북적이는 곳이라 기다림은 필수다. 기다림이야
그렇다 치고 있는데 재밌는 기계가 눈에 띈다. 여행자들을 깜짝 놀라게 하는 것은 바로
은행에서 보던 번호표 기계다. 호떡집이 얼마나 잘 되면 번호표 기계를 들여놨을까.
번호표를 뽑고 한참을 기다려야 주문 순서가 돌아온다. 그나마 오전은 덜하지만 오후가
될수록 수업을 마친 학생들과 퇴근한 직장인들이 겹치며 더 분주해진다.
처음엔 '호떡집에 번호표 기계라니' 하며 어색한 느낌이었지만 얼마쯤 기다리면 살 수
있다는 것을 예상할 수 있으니 잠시 앉아 있을 수도 있고 번호표의 순서를 보고 잠깐
다른 일을 보고 올 수도 있다.
하지만 뭐니뭐니해도 역시 가장 중요한 것은 맛이다. 한참을 기다려 손에 쥔 중동호떡은
중국식 호떡과 한국식 호떡을 반쯤 섞어놓은 모양과 맛이었다. 기름에 지지거나 튀기지
않고 구운 호떡은 담백하면서도 반죽의 쫄깃한 맛을 유지하고 있다.
주인이 "보릿가루를 섞어 반죽을 하기 때문에 텁텁하지 않고 쫄깃하다"고 덧붙인다.
안에는 흘러넘칠 정도로 흥건하게 고물이 들어 있는데 부산의 씨앗호떡과는 정반대로

별다른 건더기는 없고 오로지 시럽으로만 되어 있다. 호떡 안에 든 시럽은 진한 갈색 빛을 띠는데 흑설탕과 각종 곡물 가루를 섞어 체에 친 것을 사용한단다. 시럽이 보통 호떡에 비해 매우 묽은 편이라 아무 생각 없이 베어 물었다간 시럽이 뚝뚝 떨어져 옷을 버리거나 입술을 데이기 십상이다. 그래서 이곳에서는 거리의 음식으로 치부됐던 호떡이라도 한번쯤 점잖게 앉아서 먹는 여유가 필요하다. 호떡집에서는 테이블에서 먹고 가는 사람들에게 작은 집게 두 개씩을 주는데 중동호떡은 먹는 방법이 따로 있다. 집게 두 개로 호떡을 양쪽으로 찢어서 호떡 윗면의 피를 먼저 벗겨내 먹는다. 벗겨낸 반죽피는 안에 든 시럽에 찍어서 먼저 먹고, 아랫부분의 피는 남은 시럽과 함께 돌돌 말아서 먹는다. 이렇게 먹으면 깔끔하게 먹을 수 있는데다 쫄깃하고 담백한 호떡의 맛을 더 풍부하게 느낄 수 있다. 군산 사람들은 누구나 자연스럽게 이 순서에 따른다.

호떡은 포장해 가는 사람과 먹고 가는 사람이 반반 정도다. 몇 개는 먹고 몇 개는 싸가기도 한다. 그런데 번호표를 뽑고 한참을 기다리다 보면 오래 기다린 것이 아까워 '이왕 여기까지 왔는데' 하며 두둑이 포장까지 해가게 된다.

하지만 포장해 가면 맛이 훨씬 덜하다. 다음날 먹게 되면 더 그렇다. 호떡은 역시 바로 먹는 것이 가장 맛있다.

중동 호떡

중국식 호떡과 한국식 호떡이 믹스된
모양과 맛이다. 기름에 튀기거나
지지지 않고 구워 담백하고 쫄깃한
맛을 즐길 수 있다. 호떡 안에는
건더기 대신 시럽이 들어있는데
흑설탕과 각종 곡물가루를 섞어서
달콤하다. 3개 2,000원,
5개 3,400원.

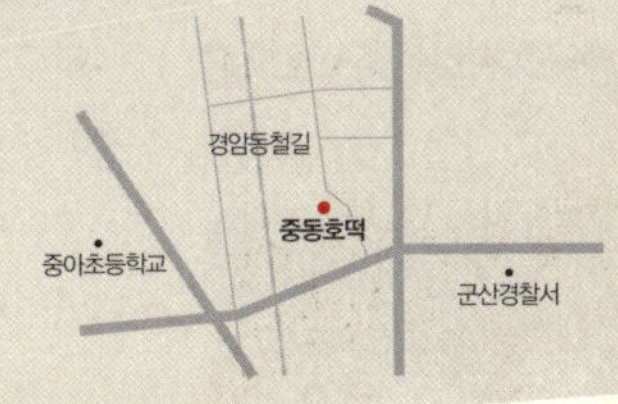

온갖 분식 넣고 끓이는 청춘들의 간식

군산_두줄 스넥 잡탕

● 　　　군산에 와서야 알게 된 명물 중 하나는 바로 잡탕이다. 오가는 학생들에게 군산의 맛있는 간식을 추천해 달라고 했더니 생각할 틈도 없이 바로 "잡탕이요!"라는 대답이 나온다. 여러 젊은이들이 잡탕을 추천하기를 주저하지 않는다. 잡탕? 뭔가 미심쩍지만 일단 확인해보기로 했다.

인터넷 지도까지 동원해 열심히 찾아들어간 골목에는 잡탕집이 서너집 몰려 있다. 그 중 가장 유명하다는 '두줄 스넥'의 문을 벌컥 열었다. 테이블 서너 개가 달랑 놓여있다. 그런데 가게 안에는 순대소쿠리나 떡복이 철판 같은 것 대신 뚝배기가 차곡차곡 쌓여있다. '저 뚝배기에 뭔가 잡탕을 끓여준다는 말이지'. 과연 무엇무엇을 섞은 탕일지 못내 궁금하다. 묻지도 따지지도 않은 채 일단 잡탕 2인분을 시켰다.

주문 후 10분쯤 후에 나온 뚝배기탕의 정체는 마치 매운탕처럼 생긴 온갖 분식의 혼합체였다. 잡탕은 떡볶이와 만두, 오뎅, 달걀, 쫄면, 라면 등의 분식을 모두 한 데 넣고 얼큰하게 끓여낸 후 깻잎을 고명으로 올린 탕이다. 그 겉모습만 보면 얼핏 매운탕 같이 보이기도 한다. 역시 사람이건 음식이건 겉에서만 보면 그 속을 영 알 수 없다.

휘저어보기도 하고 먹어보기도 하면서 과연 그 실체가 무엇인지 알아볼 밖에.

잡탕의 가장 큰 특징은 커다란 뚝배기에 끓여 내는 것인데, 덕분에 뚝배기의 깊은 맛을 느낄 수 있고 잘 식지 않아 오랫동안 뜨겁게 먹을 수 있다. 개항의 역사를 가진 항구도시답게 근100년의 세월 동안 다양한 문화와 사람들을 흡수해야 했던 군산의 간식, 모두 한 데 넣고 끓인 잡탕의 맛은 걸쭉하면서도 진하다. 튀는 맛이 없으니 그 맛의 인상이란 것도 좀 흐지부지하다. 아주 맛있다고도 맛없다고도 말하기 힘든 맛이다. 떡복이와 만두, 오뎅과 라면, 달걀 등이 모두 들어간, 우리가 흔히 예측할 수 있는 그런 맛이다. 만두가 꽤 들어가니 고기 만두가 국물을 탁하게 하는데 그 텁텁한 맛을 깻잎의 향이 깔끔하게 잡아준다.

별 것 아닌 분식 같아 보여도 군산에서 잡탕의 역사는 40년을 넘겼다. 옛날이나 지금이나 변함없이 학생들의 허기진 배를 채워주는 싸고 푸짐한 잡탕은 누가 뭐래도 여전히 군산 대표 청춘 간식이다.

잡탕

떡볶이와 만두, 오뎅과 라면, 달걀을 넣고 끓여낸다. 어느 하나가 튀기보다는 다양한 분식들이 조화롭게 어우러져 내는 자연스러운 맛이 인상적이다. 서너 명이 가더라도 만 원이면 배부르게 먹을 수 있다.

TIP

택배도 되나요? NO

각종 분식을 섞어 넣은 탕이므로 택배는 안된다. 군산 여행길에 재미삼아 먹어보는 정도. 굳이 택배까지 시키지 않더라도 어디나 있는 여러 가지 분식을 사서 한데 섞어 넣고 뚝배기에 끓이면 집에서도 쉽게 잡탕을 만들어 먹을 수 있다. 먹다 남은 분식을 활용하는 것도 좋은 방법이다.

AND

낙서 가득한 잡탕집은 슬며시 중고등학생 시절의 추억을 떠올리게 하는 추억의 맛집이다.

BUT

너무 큰 기대는 금물. 각각의 분식을 좋아한다면 잡탕도 맛있고 분식을 원래 좋아하지 않으면 잡탕도 맛없다. 전체 탕맛의 질을 좌우하는 떡볶이 국물이 맛의 관건이다.

INFO

address_ 전북 군산시 명산동 9-2
telephone_ 063-442-4824
time_ 12:00~20:00

상추에 싸먹는 담백한 상추튀김

광주_현완단겸 · 튀김나라

상추튀김이 뭐지? 처음엔 상추튀김이라고 해서 깻잎튀김이나
고추튀김처럼 상추에 밀가루옷을 입혀 기름에 튀긴 것이려니 생각했다. 상추튀김을
추천하는 광주 토박이에게 이런 것을 광주의 대표 간식이라고 할 수 있을까 의심했다.
하지만 광주의 상추튀김은 완전히 예상을 빗나간다. 상추를 튀긴 것이 아니라 튀김을
상추에 싸 먹는 것을 말하는 것. 그런데 서울에서도 흔한 튀김을 굳이 광주까지 와서
먹어야 할 이유가 있을까? 하지만 이유는 있다. 서울에 치맥(치킨&맥주)이 있다면
광주에는 상맥(상추튀김&맥주)이 있다. 치킨이건 상추튀김이건 역시 튀김에는 맥주가
제격이다. 분식집에서 맥주를 마신다고? 열혈도시 광주에서라면 가능한 일이다.
광주에서는 상추튀김을 파는 분식집에서도 술을 마실 수 있다. 저렴한 튀김 안주에
시원한 생맥주를 한 잔 곁들이면 여름밤 무더위도 별 거 아니다.
그냥 먹으면 느끼한 튀김을 청양고추를 곁들인 양념장을 올리고 상추에 싸먹으니
느끼함 없이 계속 먹게 된다. 더구나 맥주까지 한 잔 곁들이면 튀김이나 술이나 술술
잘도 들어간다. 여름엔 치킨집처럼 야외테이블에서 맥주와 함께 먹는 맛이 일품이다.

서울에 치맥(치킨과 맥주)이 있다면 광주에는 상맥(상추튀김과 맥주)이 있다.

그냥 먹으면 쉽게 느끼해지기 마련인 튀김을 청양고추를 곁들인 상추에 싸 먹으니 술술 잘도 들어간다.

만 원 이내의 저렴한 가격으로 간단한 요기와 맥주까지 곁들일 수 있다는 것이 장점인데 그래서 상추튀김은 젊은 세대들 뿐 아니라 모두에게 인기 만점이다. 일명 '만원의 행복'이다. 튀김을 찍어먹는 간장 소스도 여느 간장과는 조금 다르다. 청양고추와 양파를 넣은 간장이다. 고기를 싸먹는 것처럼 상추 위에 튀김을 올려놓고 청양고추와 양파를 넣은 매운 간장소스를 튀김 위에 올려 싸 먹는다. 튀김에 청양고추와 양파가 합세하니 느끼한 맛은 가시고 의외로 담백하고 개운하다. 상추의 아삭함과 튀김의 바삭함이 더해져 아삭바삭 깔끔한 맛은 상추튀김을 처음 먹는 사람을 홀딱 반하게 할 만하다.

베트남 음식점에 가면 흔히 춘권을 양상추에 싸 먹곤 하는데 입맛 당기는 그 고소한 바삭함과 비슷하면서도 청량고추와 양파를 얹은 소스가 매콤한 맛을 더해 더 매력적이다. 상추에 싸 먹는 튀김의 종류도 다양하다. 오징어튀김, 야채튀김, 고구마튀김, 김말이 등 튀김 자체는 일반적인 튀김과 다르지 않은데 다만 상추에 싸

튀김에 청양고추와 양파를 넣은 매운 간장 소스를 튀김 위에 올려 싸 먹으니 아삭바삭 깔끔한 맛이 매력적이다.

먹기 편하도록 아예 잘게 썰어 작게 튀기거나 작게 잘라준다.

흔한 것 같으면서도 결코 흔치 않은 광주 상추튀김의 유래는 이렇다. 70년대 중반, 충장로 2가에 있는 옛 광주우체국 뒤편에서 튀김집을 하던 김찬심이라는 할머니가 있었다. 작은 가게에서 주변 사람들과 함께 점심 식사를 하곤 했는데 어느 날 누군가 상추를 가져왔다. 마침 밥이 부족해 상추에 밥 대신 튀김을 싸먹었는데 그 맛이 꽤 괜찮았다. 상추가 튀김의 느끼함을 덜어준다는데 착안해 손님들에게 팔기 시작했는데 반응이 아주 좋았다. 그 때부터 광주 시내 여기저기에서 상추튀김을 팔기 시작했다. 광주에서는 상추튀김이 흔하지만 외지인에겐 꽤 신기하고 생소한 간식이다.

그래서인지 최근 광주시에서는 향토음식 발굴사업의 일환으로 상추튀김 에피소드를 공모하는 등 상추튀김을 관광자원화하려는 노력까지 기울이고 있다.

특별히 맛있는 집으로, 입에서 입으로 소문난 집도 있다. 광주 상무지구 치평동에 있는 '현완단겹'의 상추튀김은 튀김을 바로바로 튀겨내 바삭한 맛을 자랑한다. 주문과 동시에

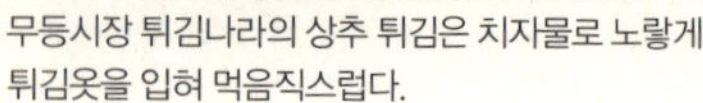
무등시장 튀김나라의 상추 튀김은 치자물로 노랗게
튀김옷을 입혀 먹음직스럽다.

튀기는 것이 인기의 비결이다. 오징어도 생물을 그대로 튀기기 때문에 더 쫄깃하다.
현완단겸의 상추튀김은 동그랗게 완자처럼 튀겨내 한 입에 쏙 들어간다. 호기심을
자극하는 상호인 현완단겸은 다름 아닌 주인장의 네 아이들 이름 끝자를 붙여놓은 것.
아이들 이름을 걸고 하는 장사이니 허투루는 아닐 테다.
광주 무등시장에도 유명한 상추튀김집이 있다. 재래시장의 정서가 그리운 사람이라면
무등시장의 '튀김나라'를 추천한다. 치자물로 튀김옷을 입혀 튀김이 노랗게
먹음직스럽다. 가격도 착하다. 1인분에 3천원으로 순대나 떡볶이 등의 다른 분식과
같이 먹기도 좋다. 튀김나라에서는 많은 양의 튀김을 초벌로 튀겨 미리 준비해 두고
주문하면 한 번 더 살짝 튀겨 내준다. 이곳에선 술은 팔지 않지만 다양한 종류의 분식과
간단한 식사 메뉴도 있다. 한 번 먹어보면 자꾸 당기는 상추 튀김. 출출할 때마다
새록새록 생각나는 간식이다.

현완단겸 상추튀김

상추에 싸 먹는 튀김을 취향에 따라
고를 수 있다. 현완단겸에서 그냥
상추튀김을 시키면 야채를 넣어
동그랗게 말아 튀긴 기본 튀김을 낸다.
상추튀김 · 기타 튀김 1인분 3,700원,
모듬튀김 12,000원, 순대 4,000원,
떡볶이 3,700원, 병맥주 3,000원,
생맥주 1000cc 5,000원, 막걸리
3,000원.

튀김나라 상추튀김

상추튀김을 시키면 어린아이도 한 입에 먹을 만큼
작은 크기의 오징어, 야채, 계란, 고구마 튀김 등이
모듬으로 나온다. 미리 튀겨놓은 튀김을
한 번 더 튀겨 내준다. 모듬상추튀김 1인분 3,000원

TIP

택배도 되나요? NO
택배는 안 된다. 튀김나라, 현완단겸 모두 배달은 된다. 현완단겸에서는
4인분 이상 주문해야 배달 가능하고 바로바로 튀겨내기 때문에 다소
시간이 걸린다. 튀김이 눅눅해질 것을 고려하면 배달보다는 직접 가서
먹는 편이 훨씬 맛있다.

AND
현완단겸은 상무지구에 있는 본점 외에도 광주 곳곳에 몇 개의 직영점이
있다. 동림점(062–515–3721), 봉선점(062–673–3721),
전대점(062–252–3721). 최근에 서울 강서구 공항동(5호선 송정역 4번
출구)에도 분점(1577–3721)이 생겼다.

BUT
튀김을 기본으로 하는 상추튀김 외에 떡볶이 등 기타 분식은 특별한 맛은
아니다. 또 상추튀김은 맥주 안주로는 딱이지만 맥주 없이 상추튀김만
먹기에는 다소 느끼할 수 있으니 사람 수대로 주문하는 것 보다는 2인에
1인분씩 주문하는 것이 적당하다.

INFO

현완단겸
address_ 광주시 서구
치평동 1178-6
telephone _ 1577–3721,
www.sangchoo.co.kr
time_ 08:00~22:00

튀김나라
address_ 광주시 남구
주월동 974–107
telephone _ 062–674–5636
time_ 10:00~23:00

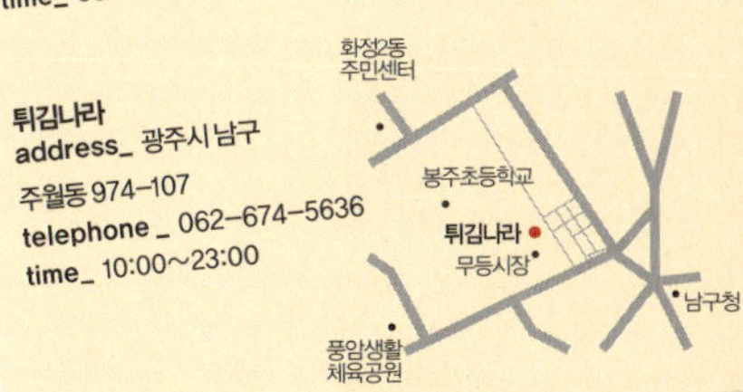

생크림 케이크의 명가

목포_코롬방 제과

항구 도시 목포에도 목포 사람들이 사랑해마지 않는 오래된 빵집이 있다. 이름도 독특한 코롬방 제과. 전국의 내로라하는 동네빵집 리스트에 코롬방 제과는 반드시 이름을 올린다. 목포역과도 멀지 않아 걸어갈 만하다. 입구부터 번쩍번쩍 떡 벌어지게 넓은 코롬방 제과점 안으로 들어서면 가장 먼저 케이크 진열대가 눈에 띈다. 다소 촌스러운 듯 고전적인 느낌도 있지만 추억을 되살리는 클래시컬한 생크림 케이크들이 종류별로 진열되어 있다. 코롬방 제과는 전국에서

생크림 케이크를 가장 먼저 개발한 빵집이다. 버터케이크가 압도적이던 70~80년대에 맛이 부드럽고 질리지 않는 생크림 케이크를 맨 처음 만들고 이를 전국에 전파시켰다. 생일이면 으레 버터케이크를 먹다가 생크림 케이크를 처음 맛봤을 때의 신선함을 아직도 잊을 수 없다. 버터크림과는 달리 생크림은 웬만히 많이 먹어도 느끼하거나 더부룩하지 않았다. 코롬방 제과점도 지역의 다른 유명 제과점들처럼 깊은 역사를

코롬방 제과는 70~80년대에
처음 생크림 케이크를 만들어
이를 전국에 전파시켰다.

갖고 있다. 1948년에 문을 열어 3대째 이어오고 있는데 제빵사도 40년 경력의
베테랑이다. 팥빵이나 야채빵, 소보로 같은 기본적인 빵도 여전히 맛있지만 코롬방
제과는 늘 신메뉴 개발에 열심이다. 적어도 한 달에 한두 개는 새로운 빵을 개발해서
시식을 통해 평가받는다. 덕분에 하루가 멀다 하고 오는 단골손님들도 달마다
개발해내는 새로운 빵을 먹어보기 바쁘다.
이 달의 신메뉴는 생크림 번이다. 생크림을 최초 개발한 빵집답게 생크림이 들어간
빵들은 대체로 맛을 보증한다. 손님들이 한 달 정도 시식을 통해 맛을 평가하고
매출이나 평가가 시원치 않으면 새로 개발한 메뉴는 또 다른 빵에게 자리를 내주게
된다. 요즘은 크림 치즈 바게트가 특히 인기다. 이 빵 역시 손님들이 먼저 맛있다고
인정해줘 전국에 명성을 떨치게 된 빵이다. 쫄깃하고 바삭하면서도 수수한 맛의

바게트빵 안에 고소한 크림치즈가 가득 들어있어 외지에서 여행 온 손님들에게도 단연 인기다. 요즘은 어른 아이 할 것 없이 치즈를 좋아하는 통에 치즈를 이용한 빵들은 대체로 실패하지 않는다고.

항구로 유명한 목포의 명성에 걸맞게 해산물을 이용한 바게트도 있다. 건조한 새우를 넣은 새우바게트는 그 짭조름한 맛 덕분에 안주로까지 활용된다. 시중에 파는 새우과자의 '빵' 버전이랄까. 새우 맛이 나는 머스터드 소스가 바게트 안을 가득 채운다.

코롬방 제과 2층에는 다른 오래된 지역 빵집들처럼 카페가 따로 마련되어 있다. 커피와 주스 등의 음료를 주문할 수 있어 카페처럼 이용할 수 있다. '1층 빵집, 2층 카페'는 몇 십 년 됐다는 지방의 빵집들에서 공통적으로 보이는 나름의 트렌드다. 요즘도 대형 프랜차이즈 빵집이 슬며시 카페를 겸하고 있지만 그건 최근의 경향이 아니라 아주

1948년에 문을 열어
3대째 이어오는
코롬방 제과는
기본 빵도 여전히
맛있지만
늘 신 메뉴 개발에
열심이다.

오래된 빵집의 트렌드인 셈이다.

그만큼 빵집은 예전에는 지금보다 더 요긴한 젊은이들의 만남의 장소였고 요즘의 숱한 카페들이 하는 역할까지 대신했었다. 밥까지 함께 먹기는 부담스러울 때 적당히 출출한 배도 채우고 커피도 마실 수 있는 그런 장소. 우리 부모님 세대가 미팅하던 곳이랄까.

코롬방 제과점에서는 오전 11시부터 오후 5시까지 거의 매시 정각에 빵이 구워져 나온다. 시간을 조금만 맞추면 언제든 따뜻한 빵을 맛볼 수 있다는 얘기다. 퇴근길 직장인들을 위해 저녁 8시, 9시에도 한두 차례 더 빵이 구워져 나온다.

코롬방 제과는 늘 단골손님들의 사랑에 보답하고자 애쓰는데 단호박 브레드에는 큼직한 생단호박을 저며 넣는 등 신선하고 질 좋은 재료를 사용하려고 노력한다.

코롬방의 빵에는 방부제가 전혀 들어가지 않기 때문에 만 하루 이내에 먹는 것이 좋다.

크림 치즈 바게트

쫄깃하고 바삭한 바게트 안에
크림치즈가 가득 들어있다.
고소하고 담백한 맛 때문에 쉽게
질리지 않고 자꾸 입맛을 당긴다.
간단하게 요기까지 가능하니
커피와 함께라면 아침식사나
브런치로도 좋겠다.
1개 5,000원

쉘부른

폭신폭신한 케이크처럼 생긴 쉘부른은
촉촉하면서도 부스러지는 특유의 식감이
있는 초코빵이다. 진한 초코빵 위로 소복이
내려앉은 하얀 슈가파우더가 시각을
자극한다. 적당히 달달한 맛으로 식사 후
디저트로 먹기에 제격이다.
1개 2,000원

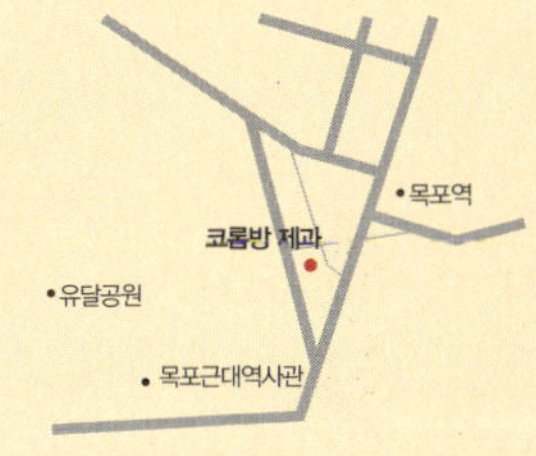

건강을 생각한 달달한 간식

목포_쑥꿀래

쑥 경단을 조청에 묻힌 간단하면서도 달콤한 간식. 목포엔 쑥꿀래가 있다.
대한민국 곳곳의 간식을 취재하지만 건강에 이롭냐는 질문에는 글쎄, 웃어 넘겨야
할 때가 많다. 그런데 이 쑥꿀래란 녀석은 입안에 살포시 들여놓는 순간 왠지 모르게
건강해지는 느낌이다. 강한 쑥 냄새 때문일 텐데 그게 설사 쑥 향기가 주는 단순한
느낌일 뿐이라 해도 식사 대용으로 쑥꿀래를 선택한 사람에게는 기분 좋은 일이다.
그윽한 쑥향기에 달달한 조청 맛을 더한 쑥꿀래는 목포에 오면 한번은 맛봐야 하는
간식이다. 쑥경단에 꿀을 묻혀 굴린 것인데 분식과 간단한 한식을 동시에 파는 분식집인,
이름도 '쑥꿀레'인 이곳에서는 쑥꿀래를 간식으로 먹는 사람들이 많다.
음식을 먹기 전에 얼른 허기부터 달래려고 쑥꿀래를 시키는가 하면 밥 먹을 거 다
먹고 쑥꿀래 하나를 더 시켜 후식 겸 입가심을 하기도 한다. 혹은 떡볶이 같은 분식과
함께 시켜서 분식으로 먹기도 한다. 쑥꿀래 만드는 법은 이렇다. 쑥을 삶아서 다진 후
찹쌀가루와 섞어 완자처럼 둥글게 뭉친다. 동그랗게 뭉친 것을 끓는 물에 삶아 팥이나

녹두 고물을 묻힌다. 여기에 조청이나 꿀을 부으면 쑥꿀래가
완성된다. 조청 때문에 달달해도 쑥이 주는 그윽한 향 때문에
쉽게 질리지 않는다. 집에서 해먹기는 다소 번거로운 음식이고
어디나 파는 간식이 아니니 목포에 가면 꼭 한번 들러 먹어 볼
만하다. 포장이 쉽고 간단하게 먹을 수 있으니 가족이나 친구를
위해 싸가도 좋겠다.

쑥꿀래

단맛의 취향은 다 제각각이라 별로
달지 않다고 단언할 순 없지만
조청의 단 맛을 쑥향이 잡아주기
때문에 '담백한 단맛'이라고 말할 수
있다. 식사 후 후식으로 단 것이 먹고
싶을 때도 좋고 식사양이 적은
여성이나 아이라면 식사 대용으로도
나쁘지 않다. 1인분 10개 5,000원.

입안 가득 댓잎향이 솔솔

담양_김순옥 댓잎찹쌀도너츠

담양의 대나무 정원 죽녹원 앞에는 그 앞을 지나는 모든 사람에게 도너츠 한 조각을 권하는 김순옥 사장이 있다. 언제고 맛볼 수 있는 무료시식으로, 듬성듬성 큼직하게 썰어 서너 개만 집어 먹어도 도너츠 한 개는 먹은 것 같은 넉넉한 인심이다. 시식용으로만 하루 천 개의 도너츠를 쓴다니 시식 인심이 이처럼 후할 수가 없다. 시식을 하고 나면 도너츠를 안 사먹을 수가 없다. 미안해서가 아니라 그저 '공짜니까 먹어 본' 도너츠가 생각보다 훨씬 매력적이기 때문이다. 일단 그 바삭함에 놀라고 그 다음엔 댓잎가루가 풍기는 은은한 향에 반한다. 댓잎가루를 뿌린 도너츠란 과연 어떤 맛일까? 튀겨낸 도너츠에 초록의 댓잎가루를 뿌린 것이 댓잎도너츠인데 색만 빼면

시장의 여느 도너츠와 다르지 않다. 하지만 도너츠의 생김새만 볼 건 아니다. 매력적인 이유는 맛도 맛이지만 식품첨가물을 전혀 사용하지 않는다는데 있다.
일반적으로 빵 반죽에 들어가는 쇼트닝이나

김순옥 도너츠는 옥수수
전분과 우유 분말 등 곡물과
천연재료로만 만든다.

유화제, 방부제 등을 전혀 넣지 않는다. 옥수수 전분과 우유분말 등 13가지의 곡물과
천연재료만을 사용해 반죽을 만든다. 김순옥 씨의 도너츠는 건강일랑 무시하고 입에
끌리는 맛만 강조한 간식은 아니라는 뜻이다. 작은 도너츠 가게에서 하루 천만 원까지도
매출을 올리는 비결이다.

도너츠를 튀기는 식용유도 트랜스지방, 콜레스테롤, 나트륨이 없는 것을 사용한다.
사람들이 다니는 가게 바깥쪽, 손님들 눈에도 훤히 보이는 곳에서 도너츠를 튀기는
김순옥 사장은 누구에게든 선뜻 도너츠 튀기는 기름을 보여준다. 기름은 맑고 깨끗하다.
하루 2~3번 교체하는 기름은 누가, 언제 봐도 자신 있다. 그래서인지 도너츠도 기름을
많이 먹지 않아 여느 도너츠에 비해 더 바삭하다.

도너츠 속에 든 팥은 많이 달지 않고 담백한 편인데 댓잎가루와 계피가루를 섞은 설탕이
튀김의 느끼한 맛을 잡아준다. 댓잎분말은 녹차분말과 비슷하지만 녹차보다는 연한

작은 가게에서 하루
천만 원의 매출을 올린다니
놀랍기만 하다.

맛으로 맛이 강하지 않고 은은하다. 정직하고 깨끗하게 도너츠를 만들고 싶었다는
주인은 자신의 이름을 걸고 도너츠 가게를 열었다. 2004년에 처음 포장마차 장사로
시작한 '김순옥찹쌀도너츠'의 김순옥 사장은 8년간 같은 자리에서 도너츠 노점상을
운영했다. 노점이라도 이름을 걸고 하는 장사이니 당연히 맛과 건강을 모두 살펴야
한다고 믿었다. 한자리에서 오래 장사 하다 보니 단골도 많이 생겼다.

3년 전에 TV프로그램 '생활의 달인'에 출연하면서 더 유명해졌다. 노점으로
시작한 장사가 지금은 20여 개의 체인점을 낼 만큼 커졌다. 담양 대나무축제 기간에
메타세쿼이아 길에서 댓잎도너츠를 팔기 시작하면서부터 입소문을 탔고 작년에 담양읍
죽녹원 옆에 정식으로 가게를 오픈했다. 정식으로 가게를 열고 1년 만에 체인점이 20여
개나 됐을 만큼 인정도 받았다. 현재 담양에 3곳, 광주에 10곳, 화순에 1곳, 목포에 2곳

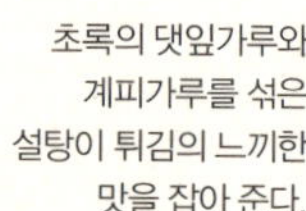
초록의 댓잎가루와
계피가루를 섞은
설탕이 튀김의 느끼한
맛을 잡아 준다.

등 전남의 다양한 지역에 체인점이 있다.

늘 손이 모자라는 죽녹원 앞 본점에서는 기본 도너츠인 팥이 든 넓적한 못난이 도너츠와
흔히 찹쌀 도너츠라고 불리는 동그란 깨찰빵을 주로 팔지만 김순옥 사장의 딸이 직접
운영하는 담양읍 백동리점에서는 구운아몬드, 자색고구마, 흑임자, 생강, 대추 등의
재료를 이용해 만든 다양한 도너츠도 맛볼 수 있다.

김순옥댓잎도너츠라는 원래 이름 대신 지금의 '메타핸도너츠'로 이름을 바꾼 것은
정식으로 상표 등록을 하고 프랜차이즈 사업을 시작하면서부터다. 가맹점들로부터
이름이 촌스럽다는 지적을 많이 받아 "메타세쿼이아 길에서 손으로 만든 도너츠"라는
뜻의 '메타핸도너츠'로 이름까지 새롭게 바꾸었다. 정겹고 신뢰 가는 옛 이름을 버린
것은 아쉬운 일이지만 그렇다고 도너츠의 맛까지 변한 건 아니다.

죽녹원 대나무밭을 산책하고 나서 은은하게 댓잎향 풍기는 댓잎도너츠를 그냥
지나치기는 어렵다. 가게에서 커피음료와 댓잎 차, 댓잎 요거트 등의 음료를 함께
판매하니 산책으로 지친 다리도 쉴 겸 테이블에 앉아 먹고 가기도 좋다.

못난이 댓잎도너츠

이름처럼 모양이 제각각인 못난이
댓잎도너츠는 튀긴 즉시 먹으면
바삭바삭한 맛이 일품이다. 도너츠에
뿌리는 댓잎가루는 녹차가루와 거의
흡사한데 튀김의 느끼함을 잡아주는
느낌이다. 녹차가루처럼 향이 진하지는
않고 댓잎 맛이 날듯 말듯 은은하다.

깨찰도너츠

흔히 찹쌀도너츠라고 부르는 동그란
깨찰빵은 쫀득쫀득하고 고소한 맛이다.
찹쌀을 넣은 도너츠는 쫄깃한데다 일반
도너츠보다 느끼하지 않고 담백하다.

못난이도너츠 + 깨찰도너츠 10개
5,000원, 22개 10,000원
댓잎라떼 3,000원, 댓잎요거트쉐이크
3,500원, 댓잎차 2,000원

TIP

택배도 되나요? NO
택배로 보내면 하루가 걸리는데, 튀긴 음식이다보니 하루가
지나면서 기름이 배어나와 맛이 없어진다. 때문에 도너츠는
포장해가더라도 최소한 당일에 먹는 것이 좋다. 따라서
포장은 가능하지만 택배는 불가하다.

AND
카페형의 가게라 커피 등과 함께 댓잎요거트쉐이크, 댓잎차,
댓잎아이스크림도 함께 판매한다. 초록색이 짙어 색소를 섞지
않았나 의심할 수도 있지만 도너츠는 물론 모든 음료와
아이스크림에는 색소가 전혀 들어가지 않은 순수한
댓잎가루를 사용한다.

BUT
아무리 깨끗한 기름으로 만든 맛있는 도너츠라지만 포장해
가면 기름기가 스며 나와 본래의 바삭한 맛을 즐기기 어렵다.
현장에서 바로 먹는 것이 가장 맛있다.

INFO
address_ 전남 담양군 향교리 287-1

telephone _ 061-382-1220
time_ 09:00~20:00

3대 이은 찹쌀떡, 동글동글 볼카스테라

순천_화월당

화월당 문을 열고 들어가면 갑자기 어안이 벙벙해진다. 넓은 매장 안의 매대와 진열대에 빵이 하나도 없다. 그런데 고소한 빵 냄새는 진하게 매장 안을 가득 채우고 있다. 미스터리하다. 그 많은 빵이 순식간에 팔렸나? 주인에게 물어보니 돌아오는 대답은 참 단순하다. 볼카스테라 주문이 많아 다른 빵은 아예 만들 엄두조차 못 낸다는 것이다. 화월당에서는 두 가지 종류의 빵만 판다. 하나는 볼카스테라고 또 하나는 찹쌀떡이다. 하지만 일제 강점기부터 만들어온 전통의 만주만은 포기할 수 없어 고구마만주와 밤만주는 만들고 있다. 쿠키 등 과자류 몇 종류가 더 보이긴 하지만 구색 맞추기처럼 보일 뿐 주력 상품이 아닌 건 확실하다.

볼카스테라맛이 어느 정도길래 화월당에서 다른 빵들을 전멸시킬 정도의 위력을 가졌을까. 매장 전체를 물들이는 이 고소한 냄새의 정체는 또 무엇일까. 묻지도 따지지도 말고 일단은 볼카스테라 맛부터 봐야겠다는 생각이 앞선다.

역사가 90년이나 된 화월당은
볼카스테라와 찹쌀떡으로
유명세를 떨치고 있다.

하나에 천오백 원 하는 볼카스테라와 천 원 하는 찹쌀떡을 하나씩 사서 봉지부터
뜯었다. 한 입 크게 베어 문 노란 볼카스테라 속에 팥이 가득 들었다. 팥이 속을 가득
채우고 있어 아주 달 것 같았는데 생각보다 그렇게 많이 달지는 않다. 달달한 정도야
사람 입맛에 따라 천차만별이겠지만 디저트로 혹은 출출할 때 약간 달달하게 먹을 만한
정도다. 어린아이나 잇몸이 불편한 어르신들도 좋아할법하다. 카스테라의 부드러운
맛이 편안하게 입 안을 감돌며 고소한 향을 풍긴다.

사실 화월당의 오랜 역사와 함께 대를 이어 만들어 오고 있는 건 찹쌀떡이다. 역시
넘치도록 가득 든 팥소가 인상적이다. 아마도 변치 않는 찹쌀떡 맛이 화월당을 지켜낼
수 있었던 힘이었을 것이다. 쫄깃쫄깃 찹쌀떡은 세월이 흘러도 여전하다.

화월당은 90년이나 된 오래된 동네 빵집이다. 우리나라 최초의 빵집 중 한 곳이라는
수식어도 붙는다. 그러니 순천 사람들이라면 모를 이 없다. 1920년에 처음 일본인이
문을 열었고 1928년에 지금 사장인 조병연 씨의 부친인 조천석 씨가 점원으로 들어가
기술을 배우기 시작했고 해방이 되며 빵집을 인수해 현재까지 이어진다.

화월당 안쪽의 풍경은 늘 비슷하다. 볼카스테라 만드는 일에 여념 없는 아들과 아버지, 포장하느라 분주한 어머니, 한쪽에 쌓여있는 택배용 빵 상자들과 보자기, 그리고 구수한 냄새들.

70년대에는 슈퍼마켓용 빵이 쏟아졌고 2000년대 들어서는 프랜차이즈 빵집이 밀고 들어왔지만 그래도 그 맛 하나로 꿋꿋하게 자리를 지켜냈다. 할아버지, 아버지, 아들, 3대에 걸쳐 이어오고 있는 노하우의 힘이다. 요즘엔 조금 촌스럽더라도 구수한 옛날 맛을 찾는 사람들 덕에 더 호황이다. 순천 번화가인 중앙로에 있는 화월당은 몫도 좋아서 오후 3~4시면 빵이 떨어질 때도 많다. 빵이 떨어지면 그 날 영업도 끝이다. 저녁 무렵에 갔다가는 볼카스테라 하나도 맛보기 어려울 수 있으니 빵을 사려면 너무 늦지 않게 방문하거나 미리 전화로 예약해 놓는 것도 방법이다.

볼카스테라

카스테라를 동그랗게 말아놓은
모습이 귀엽다. 동글고 노란
카스테라 안에 팥이 가득 들었다.
야구공만한 볼카스테라는 어린 시절
먹던 추억의 빵맛과 현대의 세련된
부드러움을 오가는 맛이다.
카스테라와 팥의 궁합은 생각보다
괜찮다. 볼카라스테라 한두 개만
먹어도 허기를 달랠 수 있다.
1개 1,500원.

찹쌀떡

어른들에게서 '옛날 맛 그대로'라는 평을
받는다. 얇고 쫀득한 피에 팥이 가득 들었다.
피는 쫄깃하면서도 부드럽고 팥은 그리
달지 않아 잘 물리지 않는다. 첨가제도 전혀
사용하지 않는다고 하니 안심하고 먹을 수
있다. 냉동실에 보관해 두었다가 먹기 30분
전에 꺼내 놓으면 된다. 전자레인지를
사용하면 떡이 퍼지고 쫄깃함이 사라진다.
1개 1,000원.

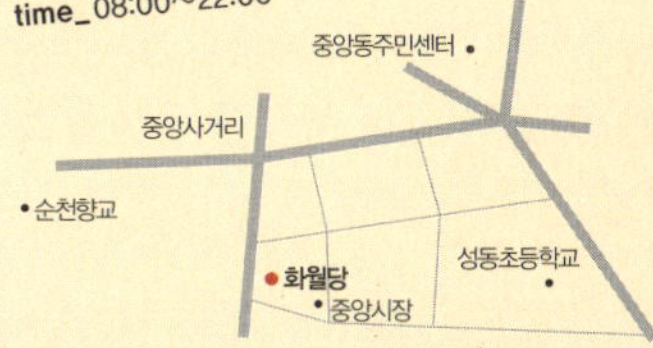

DESSERT

간식여행 12

종류도 맛도 다양한 작지만 큰 과자점

순천_조훈모 과자점

● 아는 사람만 안다는 순천의 조그만 과자점. 하지만 그 맛에 길들여진 사람들은 이사를 가고 유학을 가도 이 집 빵과 과자 맛을 못 잊어 종종 택배 주문을 한다. 요즘 같이 좋은 시절에 동네마다 맛있는 빵집들이 얼마나 많고 많은데 그런 수고를 감수할까. 순천의 작은 동네 아파트 상가촌까지 찾아 들어간 조훈모 과자점은 명성에 비해 생각보다 작은 가게였다. 그런데 작은 가게 안에 얼마나 많은 종류의 빵과 과자가 꽉꽉 들어찼는지 눈이 휘둥그레질 정도다. 200여 종류의 빵과 과자가 네모반듯한 가게 안에 참 아기자기하게도 진열되어 있다. 맛보고 싶어지는 빵과 과자가 한 두 개가 아니다. 그런 손님의 마음을 이해한다는 듯 가게 안에 진열된 대부분의 빵마다 시식용이 마련되어 있다. 특히 새로 개발한 신제품은 무조건 시식용을 내놓는다. 손님들의 반응을 보고 계속 만들지 말지 결정하기 때문이다.

다른 유명한 빵집들과 마찬가지로 조훈모 과자점에서 특히 신경 쓰는 것은 좋은 재료다. 정제를 하지 않은 파넬슈가를 사용하고

유기농 우리밀에 파넬슈가를
쓰고 방부제를 전혀 넣지 않아
20년이 넘도록 단골이 많다.

아토피가 있는 사람을 위한 현미빵도 만든다. 유기농 우리밀을 쓰고 방부제는 전혀
넣지 않는다. 대신 방부제 역할을 하는 설탕과 소금을 적절히 활용한다. 24시간 발효해
만드는 설탕발효빵도 있는데 균을 직접 키워 발효종을 만든다. 초콜릿은 프랑스의
원재료를 수입해 사용해 깊고 풍부한 맛을 낸다. 초콜릿을 잔뜩 덮어씌운 슈니발렌이
단골들이 자주 찾는 인기 과자인 이유다. 아파트 상가 안에 있다 보니 동네 단골들에
대한 서비스도 좋다. 주기적으로 할인기간을 정해 대폭 할인을 해 주기도 하고 각종
감사행사를 벌이기도 한다. 빵을 사면 적립해 주는 포인트도 보통 프랜차이즈 빵집에
비해 확연히 높다. 날을 정해놓고 어린이와 이주민 등을 위한 인근의 복지관 20여 곳에
빵을 기부하기도 한다.

2층에서 빵을 굽고 1층 매장에서 빵을 파는 조훈모 과자점은 프랜차이즈 빵집이 전국을
지배하는 요즘의 판도에서 20년이 넘도록 동네 사람들의 사랑을 듬뿍 받고 있다. 이러한
사랑을 빵집에서도 다양한 방법으로 보답한다. 그래서 동네 안에서는 주문 배달도
이루어진다. 작은 빵집 안에서는 빵을 사고 파는 사람 사이에 또 빵을 고르는 사람들

사이에 정겨운 인사가 오간다. 수많은 익명의 손님들과 손님들의 얼굴을
전혀 알지 못하는 아르바이트생의 관계만 있는 대형 프랜차이즈 빵집에서는 볼 수 없는
장면이다. 단순히 맛있는 빵만 사는 게 아니라 서로의 안부와 맛의 취향을 묻는 반가운
이야기들이 넘실댄다. 우리가 동네 빵집을 그리워하고 여전히 사랑하는 이유다. 맛도
서비스도 좋은 이런 빵집이 동네마다 있다면, 대형 프랜차이즈빵집들을 물리치고 다시
1980년대처럼 '동네빵집 전성시대'가 올 수 있을 텐데.

작은 빵집 안에서는
빵을 사고 파는
사람들 사이에, 정겨운
인사가 오간다.

슈니발렌

망치로 깨서 먹는 정통 독일식 과자
슈니발렌. 요즘은 와플이나 머핀을 파는
집에서도 종종 슈니발렌을 만날 수 있지만
조훈모 과자점의 슈니발렌의 맛은
탁월하다. 단단한 과자는 고소하고
초콜릿의 맛도 깊다. 화이트슈니발렌과
다크슈니발렌 두 가지가 있다.

TIP

택배도 되나요? YES
한여름에는 상하지 않는 빵 종류에 한해서 택배가 되고
나머지 계절에는 대부분의 빵이 택배 가능하다. 해외에서도
주문이 가능하다. 주문 금액에 관계없이 택배비는 손님
부담이다.

AND
퇴근시간이 지나면 그날의 인기 있는 빵은 거의 동이 난다.
오후 3시부터 5시 사이에 가면 가장 많은 종류의 빵을 만날
수 있다.

BUT
여행길에 일부러 찾아가기는 애매한 위치다. 차가 있다면
금방 다녀올 수 있지만 대중교통으로 여행한다면 번거롭다.
앉아서 먹고 갈 수 있는 테이블은 없다.

INFO
address_ 전남 순천시 연향동 현대2차 상가 104호

telephone_ 061-722-3822

time_ 08:00~23:00

꿀꽈배기 바게트

달달한 꽈배기와 고소한 바게트를
합쳐 놓은 빵이다. 바게트 겉이
너무 딱딱하지 않아서 좋고 바게트
속살은 야들야들 부드럽다.
1개 1,800원.

갓김치의 명성을 빵 안에

여수_갓구운

● 여수하면 떠오르는 것은 밤바다와 오동도도 있지만 뭐니 뭐니 해도 돌산 갓김치다. 그런데 돌산 갓을 김치로만 맛볼 수 있다는 것은 어쩌면 고정관념일지도 모른다. 여수에는 그런 관념을 과감히 깬 재미있는 빵집이 있다. '여수 갓구운'에서 만드는 갓빵과 갓파이가 그 편견을 깬 주인공들이다. 처음엔 '갓'구워낸 빵을 파는 빵집인줄 알았다. 그런데 채소인 갓을 15퍼센트나 넣어 빵을 만들었다니 그냥 이름만 갓빵이 아니라 누가 뭐래도 진짜 갓빵이다. 매운 맛이 강한 갓을 어떻게 빵과 파이에 넣을 수 있었을까.

갓구운 빵집의 주인 부부는 갓빵을 만들기 위해 5년이나 연구했다고 했다. 갓에서

매운 맛이 나는 이유는 갓에 포함된 유황성분의 독성 때문인데 보통은 김치의 양념이 유황성분을 분해시키는 작용을 해서 갓김치로는 맛있게 먹을 수 있다. 하지만 다른 음식을 만들기는 어렵다고 한다. 그런데 엉뚱하게도 빵에 갓을 넣기로 작정한 이

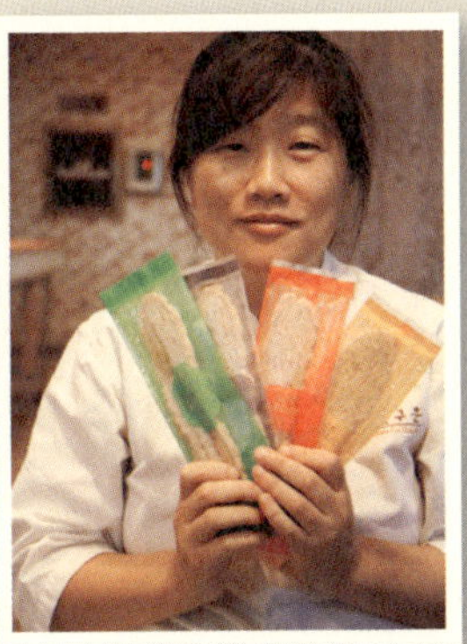

여수 특산물인 갓을 넣어
갓빵과 갓파이를 개발하는데
5년이 걸렸다.

제빵사 부부가 연구한 비법이란 갓의 유황성분을 분해시키는 효소를 만들어 제빵에
이용하는 것이다. 바닷가답게 효소를 추출하는 대상 역시 독특하다. 삭혀 먹어야
맛있다는 홍어로 재료를 삼았다. 홍어에서 단백질 효소를 배양한 후 추출해 사용하는데
추출한 효소는 동결건조 시켜 갈아낸 갓분말과 혼합하면 갓의 성분을 활용하면서도
독성 없이 맛있는 빵을 만들 수 있다. 홍어를 배양한 효소로는 특허까지 받았다.
갓빵을 만드는 비법이란 것은 설명을 들어도 얼핏 잘 이해가 되지는 않았다. 다만
여수의 갓과 홍어에서 추출한 효소가 들어간다는 점만은 확실하다. 갓 분말을
15퍼센트나 넣으니 맛이나 조직도가 떨어져 빵을 만들기가 어려웠지만 실험과 연구를
반복한 끝에 결국 이 부부의 손끝에서 갓빵과 갓파이가 탄생했다. 특정 성분이 15퍼센트
넘게 들어가면 기능성이라는 단어를 쓸 수 있는데 그래서 '여수 갓구운'의 갓빵은 당당히
기능성 빵으로 이름 붙어 있다. 그야말로 건강빵으로도 불릴 만하다. 밀가루나 빵을

갓구운 기능성 빵들은
친환경으로 재배한 여수의
돌산갓과 100퍼센트
우리밀을 쓰며 방부제와 향료,
색소도 넣지 않는다.

먹고 나면 속이 더부룩해지거나 신트림이 나는 글루텐 부작용도 없다. 친환경으로
재배한 여수 돌산갓을 사용하고 100퍼센트 우리밀을 사용하는 것도 마음에 든다. 물론
방부제와 색소, 향료도 넣지 않는다. 무엇보다 맛이 궁금하다. 한참 인터뷰를 하다말고
빵을 한 입 먹어본다. 쿠키도 맛본다. 그런데 희한한 것은 갓빵에서 갓 맛은 거의, 아니
전혀 나지 않는다는 점이다. 왜 빵에서 갓 맛이 전혀 나지 않느냐고 물었더니 돌아오는
대답이 의외다.

"그런데 빵에서 갓 맛이 나면 빵이 맛있을까요?"

건강을 생각해 빵에는 갓 성분을 충분히 넣어 기능성 빵을 만들되 일부러 갓 맛은 나지
않게 했단다. 다른 기능성 빵에서도 원재료의 맛은 그리 진하게 나지 않는다. 다만
당근파이나 마늘파이, 감귤파이 등 일반적인 재료를 쓸 때는 재료의 맛과 향을 한껏

여수의 유명 호텔에도 갓구운의 빵들을 공급하고 있다.

살려 빵을 만든다. '여수 갓구운'에는 일반적인 빵들을 제외하고 돌산갓과 방풍잎, 백련초, 당근, 마늘 등을 활용해 만든 기능성 빵만 총 6가지다. 방풍잎과 천년초잼을 활용해 만든 고요타와 갓을 넣은 갓오동빵, 돌산갓파이, 갓티쿠키, 그리고 천년초를 넣어 만든 천년초피셀 등이다.

갓구운의 빵들이 다른 빵집의 빵들보다 월등히 맛있다고는 말하지 못하겠다. 다른 오래된 빵집들처럼 대를 이어 내려오거나 줄을 서서 먹지도 않는다. 하지만 '여수 갓구운'에는 실험정신이 넘친다. 신대륙을 탐험하는 콜럼버스처럼 새로운 종류의 빵을 찾기 위해 실험하고 연구하는 제빵계의 개척자라고나 할까.

처음엔 고개를 갸우뚱하던 사람들도 이제는 여수 갓구운의 기능성 빵을 여수의 명물로 대접한다. 덕분에 여수의 웬만한 유명호텔에도 갓구운의 빵을 공급한다. 오전 9시에서 오후 6시 사이에 오면 가게 안에 있는 공장에서 빵 만드는 모습도 엿볼 수 있다. 카페도 함께 운영한다. 갓파이선물세트는 선물하기 좋다. 여수에 오면 흔한 갓김치 뿐 아니라 갓 추출물이 든 갓빵도 한번 먹어볼 일이다.

돌산갓파이&갓티쿠키

갓으로 만든 파이와 쿠키 모두 갓 맛이
나지는 않는다. 모르고 먹으면
일반적인 파이나 쿠키와 비슷하다.
갓파이는 견고한 페스트리에 설탕을
뿌려놓은 형태이고 갓티쿠키는 우유
맛이 좀 더 진한 무거운 맛이지만
식감은 가볍다.

갓오동빵

번과 일반적인 팥빵을 섞어놓은 듯한 식감이다.
그래서 약간 퍽퍽하다는 느낌을 받을 수 있다. 빵에
들어가는 팥은 일반 팥앙금을 쓰지 않고 아몬드, 땅콩
등 견과류를 섞어 다시 제조한 팥버터를 사용한다.
그래서인지 달지 않고 고소하다.

고요타

남해쪽에서 많이 자라는 방풍잎을 이용해 만든
고요타는 공갈빵을 납작하게 눌러놓은 모양으로 겉은
약간 딱딱하고 안쪽으로 갈수록 바삭하다. 속에는
천년초로 만든 잼을 넣어 달콤함을 더했다. 방풍잎의
맛이 강하게 나는 편이라 독특한 향미를 풍긴다.

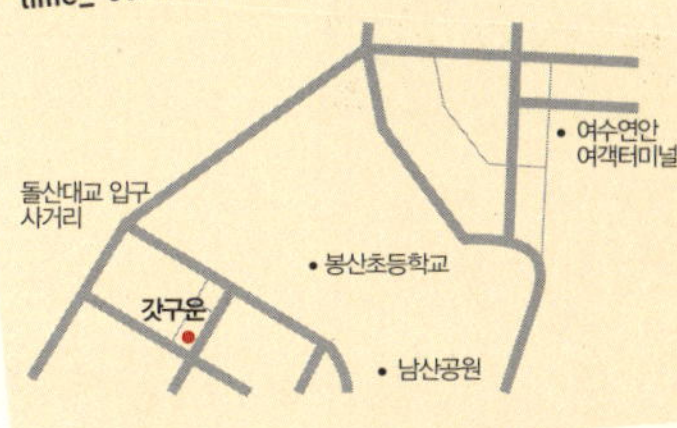

DESSERT

간식여행

14

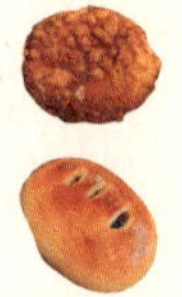

바삭바삭 튀김소보로, 담백한 야채부추빵

대전_성심당

빵에 대한 나의 첫 기억은 곰보빵과 단팥빵이다. 동네 빵집에서 5개에 천 원 하던 곰보빵과 단팥빵. 커다란 유리 진열장 너머로 천원어치의 빵을 고르며 설레던 순간, 하얀 봉투에 곰보빵과 단팥빵이 가득 담기면 심부름길이 즐겁기만 했다. 첫사랑 같은 내 인생 첫 빵이 곰보빵이었고 빵 심부름을 시켰던 아빠가 제일 좋아하는 빵이 단팥빵이었다.

그 추억의 곰보빵을 다시 돌아보게 된 건 대전 성심당의 튀김소보로 때문이다. 여행을

하다 우연히 맛 본 튀김소보로는 그렇게 좋아하던 어린 시절 곰보빵의 기억을 다시금 스멀스멀 떠올리게 했고 곰보빵에 얽힌 소소한 추억들까지 불러들였다.

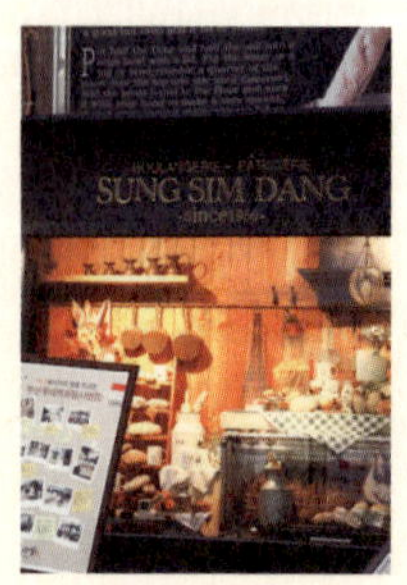

소보로빵을 기름에 튀겨낸 튀김소보로는 소보로 고명의 바삭바삭한 식감이 특히 예술이다. 빵인지 튀김인지 구분되지 않을 정도다. 빵 안에는 팥도 들어있다. 단팥빵을 먹을까 소보로빵을 먹을까의 고민을 덜어주겠다는 듯. 물론 성심당의

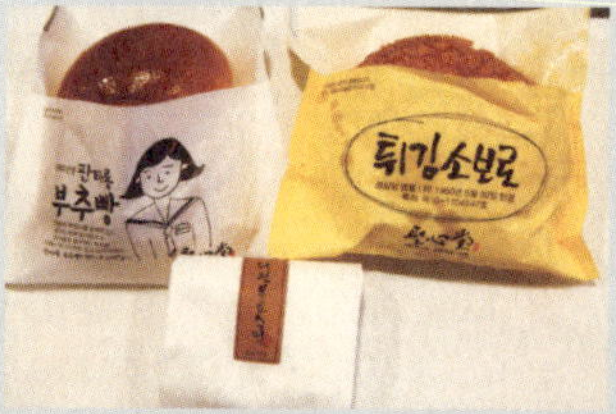

성심당의 대표 주자는 1980년에
처음 선보인 튀김소보로와
판타롱부추빵이다.

튀김소보로는 내가 어릴 적 먹던 그 순박한 맛의 곰보빵은 아니다. 이미 별의별 다양한 맛에 길들여진 30대 중반의 입맛을 만족시킬 만큼의 세련됨과 고소함, 또 아직 갖고 있는 어린애 같은 입맛을 두루 만족시킨다. 대전에 성심당이 처음 생긴 것이 1956년이고 튀김 소보로빵을 처음 내놓은 것이 1980년이라고 하니 튀김소보로의 나이도 어느새 내 나이와 엇비슷하다.

성심당의 또 다른 야심작은 판타롱부추빵이다. 단팥빵이나 크림빵의 기본이 되는 빵 안에 달걀과 부추가 어우러진 소가 가득 들어있다. 누구나 좋아할 만한 달달하거나 고소한 맛은 아니다. 부추의 아삭함과 계란의 담백함이 어우러져 두 개만 먹어도 건강한 한 끼 식사가 될 것 같다. 만두소 같은 충전물이 빵과 절묘하게 어우러지는 것도 신기하다. 젊은 층보다는 어른들이 좋아할 만한 맛이라고 느껴지는데 튀김소보로와 같이 먹으면 궁합이 잘 맞는다. 고소하지만 약간 느끼하기도 한 튀김소보로의 맛을 담백함으로 잡아주고 어려운 세상살이에 고단한 마음을 보듬어 줄 듯 진중하다.

대전부르스라는 이름의 찹쌀떡도 인기다. 열차가 선로를 바꾸는 5분 동안 플랫폼에서 허겁지겁 먹었다던 대전의 명물 가락국수처럼 대전부르스 찹쌀떡도 대전에서 쉬어 가는 여행객들의 입속을 쫀득쫀득, 달달하게 한다. 백련초, 치자 등 다양한 천연재료로 색을 낸 색색의 찹쌀떡은 삶은 계란처럼 여행길의 소소한 낭만이기도 하다.

성심당에서는 거의 모든 빵을 시식할 수 있고, 다양한 빵들을 선보이고 있어 보는 즐거움도 상당하다.

성심당은 그 이름처럼 베푸는 것을 즐기는 빵집이다. 남은 빵을 어려운 이웃과 나누는 성심당의 역사는 전쟁 직후 어렵던 시절 대전역 앞에서 처음 시작한 찐빵집에서부터 시작됐다. 그 시절의 인지상정이었겠지만 여전히 이어나가는 나눔의 전통은 칭찬받을 만하다. 물론 위기도 있었다. 한창 빵집이 번성하던 2005년에 큰 화재로 인해 잿더미로 변한 성심당은 좌절을 맛봤다. 하지만 성심(聖心)당이라는 이름처럼 손님이나 직원 가릴 것 없는 거룩한 마음들이 모여 빵집은 다시 살아났다. 일순간 망할 뻔한 빵집을 살려 놓은 것은 어쩌면 그런 나눔의 과거가 가져온 좋은 결과가 아닐까 짐작해 본다. 1956년 고 임길순 사장에 의해 찐빵집으로 시작해 빵집으로 인기를 누리다 1980년대 그의 아들 임영진 사장에 의해 다시 2대째 가업을 이어오고 있는 성심당. 빵을 만들면서 성당의 종소리를 들을 수 있어 1970년 지금의 자리로 옮겨왔다는 소박한 신념은 그들이 만드는 빵에도 고스란히 묻어난다.

그렇다고 지금의 성심당의 외관이나 빵의 모양과 맛까지 예전의 성심당처럼

성심당은 당일생산 당일판매의 원칙 아래 남는 것은
전량 나눔을 하고 있다.

소박하지는 않다. 사람들의 취향과 입맛에 맞춰 무척 세련돼졌고 현대화됐다. 유기농
우리밀을 사용, 저온 숙성시켜 빵을 만들고 빵에 따라서는 현미쌀가루를 토핑해 속이
더부룩할 수 있는 밀가루의 글루텐 부작용을 줄인다. 바게트는 식감을 살리기 위해
프랑스산 밀로 만든다. 택배로 나가는 양도 상당할 정도로 빵이 하도 많이 팔리니
야간조까지 따로 있어 24시간 내내 빵을 굽는다. 당일생산 당일판매의 원칙 아래 남는
것은 전량 나눔을 하고 있다.

가게 내부도 아기자기하다. 튀김소보로를 만드는 파트는 특별히 옛날 스타일의
인테리어로 꾸며 소보로 튀기는 모습도 손님들이 직접 볼 수 있도록 했다. 진열된
쿠키나 케이크를 구경하는 즐거움도 있고, 거의 모든 빵을 시식할 수 있어 더욱 좋다.
직원들은 쉴 새 없이 시식용 빵을 자른다. 시식용 빵을 자르는데, 서울에서는 구경하기
어려운 인심을 느낄 수 있다. 직원들의 친절함도 기분 좋다. 대전역에서 걸어서
10~15분 거리에 있어 대전여행길에 들러보기도 좋다.

튀김소보로

바삭바삭, 고소한 맛이 일품이다. 한 번 먹어보면 자꾸 생각난다. 안에 팥까지 들어있어 소보로빵과 단팥빵, 도넛을 하나의 빵으로 만든 느낌이다. 워낙 만들자마자 금방 팔려나가기 때문에 현장에서 바로 사서 먹으면 따뜻할 때 먹을 수 있다. 막 튀겨 나온 따뜻한 빵의 겉은 바삭한 소보로가 가득하고 빵 자체는 부드럽게 결로 찢어지며 환상의 궁합을 자랑한다. 하지만 포장해 와서 몇 시간 지난 후 먹으면 맛이 많이 떨어지는 단점이 있다. 바로 먹어야 튀김소보로의 진가를 느낄 수 있다. 1개 1,500원.

판타롱 부추빵

빵 안에 부추와 삶은 달걀을 으깬 소가 가득 들어 있다. 마치 만두소 같은 느낌인데 맛은 담백하다. 부추를 좋아하면 최고의 빵이겠지만 부추를 좋아하지 않는 사람이라면 건강엔 좋을지 몰라도 입에는 안 맞을 수 있다. 호불호가 갈릴 만한 빵이다. 역시 뜨거울 때 먹어야 제 맛이다. 1개 1,800원.

TIP

택배도 되나요? YES
성심당에서는 방부제를 사용하지 않고 천연재료로 빵을 만들기 때문에 하루가 걸리는 타 지역으로는 택배불가인 제품이 꽤 있다. 판타롱 부추빵은 부추가 쉴 가능성이 많기 때문에 택배불가이고, 튀김소보로도 하루가 지나면 기름이 묻어 나와 눅눅해 지는데다 보통 현장에서 동이 나기 때문에 택배가 되지 않는다. 단, 대전지역 인근에서는 2만원 이상 구입하면 당일배송이 되고 배송비도 무료다.

AND
건물 전체가 다 성심당이다. 군산 이성당이나 부산 비앤씨와 같이 타 지역의 오래된 빵집들처럼 성심당도 1층에서 빵을 사고 2층에서는 빵과 함께 커피 등의 음료를 즐길 수 있다. 3, 4층에는 빵공장과 사무실이 있다. 분점으로 대전역점과 대전롯데점이 있다. 또 성심당이 있는 은행동에는 플라잉팬, 테라스키친, 삐아또, 오븐스토리, 우동야 등 성심당에서 낸 여러 외식 업체들이 포진해 있어 성심당 외식거리로도 알려져 있다.

BUT
대전역 안에도 성심당 분점이 있다. 하지만 열차를 타고 내릴 때 튀김소보로를 사려는 인파로 늘 길게 줄을 서 있어서 튀김소보로를 사는 일이 쉽지 않을 때가 많다. 그래서 대전역점에서는 튀김소보로 판매를 1인당 6개로 제한하고 있다.

INFO
address_ 대전시 중구 은행동 145번지(대전지하철 중앙로역 2번 출구)
telephone _ 042-256-4114, www.sungsimdang.co.kr
time_ 08:00~23:00 (대전역점: 06:00~23:00)

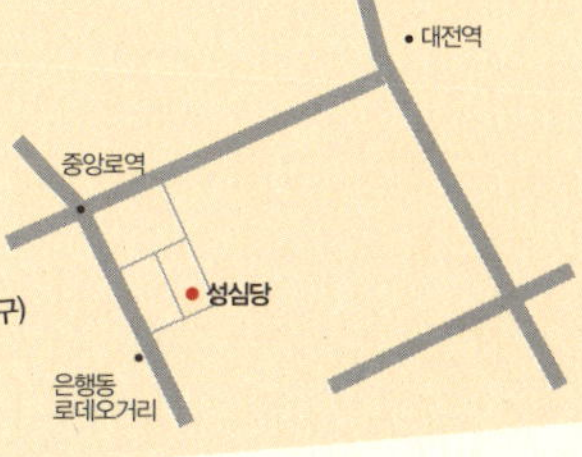

기차 타고 가며 먹는 국민간식
천안 _ 옛날호두과자

천안하면 반사적으로 떠오르는 게 바로 호두과자다. 그 명성답게 천안역에 내리면 제일 먼저 여행자를 반겨주는 것 역시 호두과자다. 천안 호두과자가 아무리 유명하다고 해도 일부러 천안까지 가서 호두과자를 먹고 오겠다는 사람은 드물 테다. 고속버스 어느 휴게소엘 가나 호두과자가 있고 서울 거리에서도 흔히 보는 것이 호두과자 리어카이다 보니 호두과자를 먹으러 천안에 간다는 것이 우스운 일처럼 느껴지기까지 한다.

하지만 여행길에 일부러라도 천안역에 내려 호두과자를 먹어보라 권하고 싶은 것은 천안에 '진짜' 호두과자가 있기 때문이다. 60년 된 옛날 맛 그대로의 투박한 원조할머니 호두과자도 있고 현대인의 세련된 입맛에 맞춘 웰빙 호두과자도 있다. 호두과자 맛이 다 거기서 거기려니 생각할 수도 있지만 그렇지가 않다. 몇몇 호두과자집의 호두과자를 한 번에 모아놓고 이것저것 맛보다 보면 호두과자의 맛도

천안에는 60년 된 원조
호두과자도 있고 세련된 웰빙
호두과자도 있다.

천차만별이라는 것을 실감하게 된다.

천안역에서는 네다섯 개의 호두과자집 중 '학화 원조할머니호두과자'와
'옛날호두과자'를 대표적으로 비교할 만하다. 80년 역사를 자랑하는 학화호두과자는
대부분의 가게가 그렇듯 원조할머니를 내세운다. 맛을 떠나 원조할머니라는
명성만으로도 가게는 늘 문전성시다. 그 맛을 비유적으로 말하자면 딱 시골빵맛이다.
투박하고도 고전적인 맛은 달걀과 마가린 맛이 진하게 나는 어릴 적 먹던 그 빵맛이다.
팥소도 좀 단 편이다.

'학화호두과자'에 비하면 최근에 생겼지만 이마저도 20년이 된 '옛날호두과자'의 맛은
다른 집들에 비해 세련됐다. 옛날호두과자집이 생긴 건 1995년으로, 학화호두과자에
비하면 그리 오랜 세월이 아니지만 호두과자에 들어가는 앙금의 역사만큼은
학화호두과자의 세월을 따라잡는다. 옛날호두과자는 60년이 넘은 앙금회사를 2대에
걸쳐 운영하며 빵과 떡 속에 들어가는 팥앙금을 생산하고 있다. 점차 먹을거리들이
다양해짐에 따라 앙금판매량이 급격히 줄었는데 처음엔 앙금을 소비하기 위한
방편으로 호두과자 집을 열었다.

호두과자의 맛은 겉을 싸고 있는 빵도 빵이지만 결정적으로 팥이 그 맛을 좌우한다.

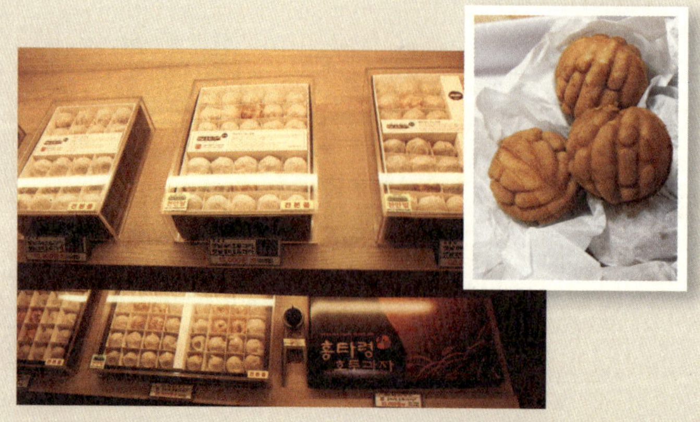

그런 면에서 앙금을 직접 생산하는 앙금공장의 사장이 만드는 호두과자의 맛이란
보증할 만한 것일 테다. '옛날호두과자'는 현재 11개의 직영점과 15개의 체인점을 갖고
있는데 호두과자집을 이처럼 대형 업체로 성공시킬 수 있었던 배경에는 모회사인
앙금회사의 질 좋고 안정적인 팥 공급을 이유로 꼽을 수 있다.
흔히 제품에 자신 있어 하는 가게의 사장들은 굳이 요구하지 않아도 자신들의
재료창고나 주방을 흔쾌히 공개하고 싶어한다. 옛날호두과자의 민재홍 대표도
그랬다. 취재를 시작하니 자연스럽게 주방과 재료창고인 냉동고부터 보여준다.
옛날호두과자집에서는 우리밀을 고집하고 있었다. 우리밀이 쫀득하고 찰진 맛을 내기
때문이다.
우리밀 뿐만 아니라 천안근교에서 생산되는 영양 높은 천안밀을 쓴다.
천안밀은 현미와 같은 거친 도정을 거쳐 생산되어 영양가가 높기 때문에 비싼 재료비를
마다않고 부러 천안밀을 쓴다. 여기에는 지역 농산물을 재료로 하는 먹을거리를
생산하고 싶다는 의지가 담겨있다.
옛날호두과자의 대표제품인 '흥타령호두과자'는 호두과자에 들어가는 모든 재료가
100퍼센트 국산이다. 반죽의 밀가루부터 팥, 호두까지 모두 국산재료를 사용한다. 특히

호두과자는 세월이 지나 호박소 호두과자, 통팥
호두과자 등 다양한 형태로 발전하고 있다.

호두는 물량이 많지 않음에도 질 좋은 천안 광덕리의 호두를 사용한다. 가격은 일반
호두과자의 2배지만 국산 먹을거리를 선호하는 사람들은 가격에 개의치 않고 흥타령
호두과자를 사간다. 국산 재료의 수급이 어려워 매일 만들지는 못하는 실정이다.
팥은 철저하게 국산 팥과 수입산을 구분해서 쓴다. 간식 취재를 다니며 가장 많이
들었던 불만의 소리는 국산 팥이 너무 비싸다는 것이다. 국산 팥의 가격은 수입 산의
4~5배를 거뜬히 넘는다. 그러니 국산 팥을 고집한다면 빵 값을 두 배 이상 올려야하고
아니면 가게 문을 닫아야 한다는 볼멘소리가 이어진다. 그렇게 빵이나 떡 속에 들어가는
팥의 출처를 물을 때마다 돌아오는 소리는 푸념 섞인 한숨이 대부분이다. 하지만
옛날호두과자는 대기업의 과자처럼 호두과자마다 성분표시를 정확히 하고 있다.
수입산과 국산을 구분해서 표기하고 판매하니 믿고 먹을 수 있다. 호두는 1/4조각을
일률적으로 넣는다. 주말에는 팥 외에도 호박소를 넣은 호두과자와 흑미반죽을 이용한
흑미호두과자와 통팥이 씹히는 통팥호두과자도 판매한다. 골라먹는 재미가 있다.
이렇게 천안 호두과자는 세월이 지나며 변화를 거듭하고 있지만 오가는 길에 언제든
쉽게 사 먹을 수 있는 친근한 국민 간식임은 여전하다.

흥타령 호두과자

세련되고 질리지 않는 맛이다. 국산의 좋은 재료를
써서 정직하게 만든다. 팥도 그리 달지 않다.
호두과자가 쉽게 상하지 않을 정도의 당도만
유지한다. 우리밀과 천안밀을 쓰는 호두과자의 빵
반죽은 퍼석하지 않고 쫀득하다.

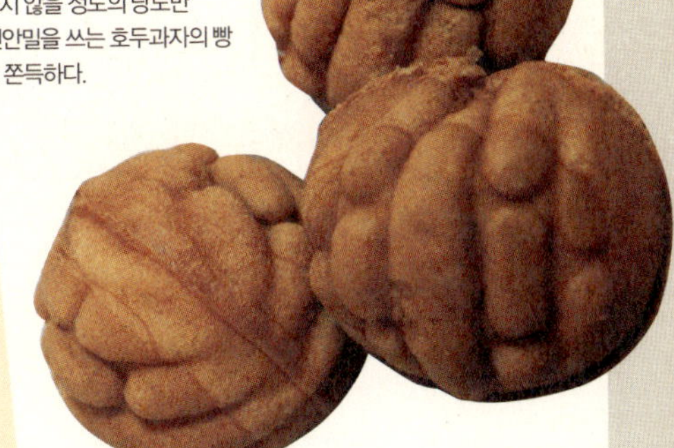

흑미호두과자

흑미가 섞인 빵은 일반호두과자보다
거무스름한데 그냥 호두과자보다 빵이
더 담백하고 고소하다.

TIP

택배도 되나요? YES
1만원 이상 택배 주문이 가능하다. 십만 원 이상 주문하면
택배비가 무료이고 그 이하는 택배비 3,000원이 추가된다.
이튿날 배달된다.

AND
호두과자는 상온에 놔두고 4일 정도 먹을 수 있다. 냉동을
했을 경우에는 20분 정도 실온에 놔두면 먹기 좋게 녹는다.
냉동 시에는 몇 개월 정도 두고 먹을 수 있다.
옛날호두과자집은 카페를 겸하고 있어 호두과자와 함께
커피와 역전 풍경을 즐길 수 있다.

BUT
반죽에 들어가는 밀가루부터 팥, 호두까지 순수 국내산
재료로만 만드는 옛날호두과자의 '흥타령호두과자'는 재료가
달려 평일에는 거의 구경할 수 없고 주말에도 맛보지 못하는
경우도 많으니 국산호두과자의 진수를 맛보고 싶다면 전화로
미리 확인해보는 것이 좋다.

INFO
address_ 충남 천안시 동남구 대흥동 57-2
telephone _ 041-561-5000,
www.옛날호두과자.com
time_ 07:00~23:00

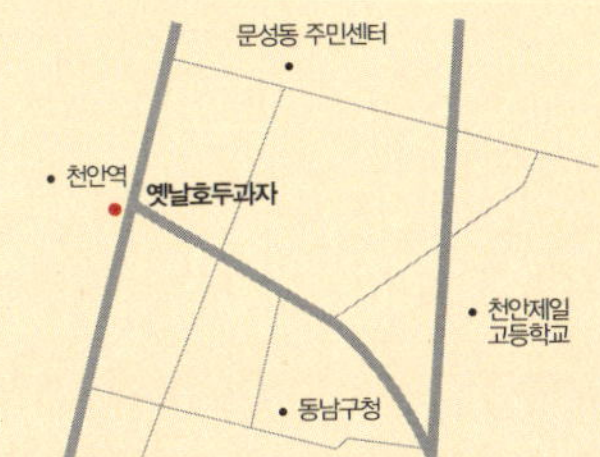

흥건한 기름, 식감은 쫄깃

청주_쫄쫄호떡

● 　줄을 서서 먹는다는 청주의 쫄쫄호떡. 졸졸졸
줄을 선다 해서 쫄쫄호떡인가? 쫄깃쫄깃해서 쫄쫄호떡인가?
청주에서는 나름 유명세를 타고 장사가 잘 되는 호떡집이다.
비슷한 이름을 차용했던 다른 호떡집들과 '쫄쫄'이라는
이름으로 상호분쟁까지 있었다니 호떡 팔아 몇 푼이나
버냐는 소리도 다 옛말이다.
청주역에 내려 다짜고짜 "혹시 쫄쫄호떡을 아느냐"고 물으니
젊은 아가씨가 대번에 알려준다. 청주에서는 꽤 이름난
간식인가 보다. 기차역에서 시내는 꽤 먼 거리다. 버스로 30분을 달려 물어물어 겨우
찾아간 호떡집. 그러나 취재요청에는 냉담하다. 어렵게 찾아간 보람도 없이 아무런
취재도 하지 못하고 맛을 본 소회만을 늘어놓을 수 있을 뿐이다.
이 호떡집도 군산의 중동호떡처럼 포장마차가 아니다. 마치 대학로 마로니에 공원처럼

청춘남녀들의 아지트인 시내 중심가의 중앙공원 옆에 자리한
번듯한 가게다. 요기가 될 만한 간단한 식사를 비롯해 분식도
함께 팔지만 메인은 아무래도 호떡이다. 취재를 거부당하고 털썩
자리에 앉아 시킨 쫄쫄호떡 두 개. 일단 일반적인 호떡의 맛과
모양은 아니다. 요즘은 튀긴 호떡이 유행이라 여기저기에서 튀긴
호떡을 맛볼 수 있는데 이 쫄쫄호떡은 다른 튀긴 호떡들과는 또

다르다. 살짝 튀겨 바삭한 정도가 아니라 약간 딱딱할 정도로 바짝 튀겨낸다. 치아가
약한 사람이라면 약간 부담이 될 수도 있을 정도다. 호떡 자체의 생김새나 담아내오는
모양이 기름기 많은 중국의 길거리 간식 같다. 호떡은 밀가루 반죽이 아니라 찹쌀
반죽이 많이 섞인 듯 쫄깃쫄깃하다. 그래서 쫄쫄 호떡인가싶다. 손님 없는 평일 저녁인데
호떡 두 개 시켜놓고 오 분 넘게 기다린다. 오래 튀기다 보니 아무래도 기름이 많이
배어있다. 빵이라기보다는 튀긴 떡 같이 쫄깃쫄깃한 식감이다. 호떡 팬에도 기름이 철철
넘친다. 여느 호떡처럼 안에 꿀을 가장한 설탕이 흥건히 들어 있지는 않고 호떡 겉에
살짝 묻힌 정도다. 튀긴 음식이야 뭐든 그렇지만 이 호떡이야말로 현장에서 바로 먹는
것이 가장 맛있다. 청주 도심에 들렀다면 재미삼아 먹어볼 만하다.

쫄쫄 호떡

빵이라기보다는 튀긴 떡같은 식감이다. 약간
딱딱한 정도로 바싹 튀긴 호떡으로 기름기 많은
중국 길거리 간식 느낌이 난다. 쫄깃쫄깃한
맛이 자랑으로, 튀긴 찹쌀 도너츠 같은 맛이다.
1개 700원.

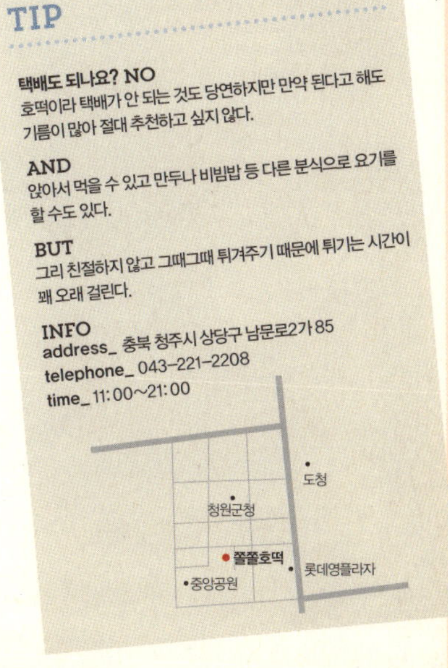

핸드메이드를 고수하는 옛날빵

경주_ 황남빵 & 경주빵

누구든 경주에 가면 꼭 하나씩 손에 들고 오는 빵 상자가 있다. '황남빵'이라고도 하고 '경주빵'이라고도 하는, 팥이 가득 든 만주 형태의 빵이다. 얼핏 두꺼운 쿠키나 중국의 월병을 축소해 놓은 것 같은 모양새다. 두어 개만 먹어도 허기를 면할 만큼 든든한 간식이다. 팥소로 이루어진 내용물은 알차고 팥을 싸고 있는 피는 얇고 쫀득하다. 경주 특산품으로 시내에만도 수십 개, 경주 전체로 따지면 백여 개가 넘는 빵집이 있다. 경주에는 한 집 건너 하나 꼴로 이 빵집이 있다고 할 정도로 넘친다. 경주 사람들은 모두 이 빵을 팔아 생계를 이어가는 것처럼 보일 정도다.

원조 격인 황남빵과 경주빵이 지척에서 서로 맛의 우위를 논하며 경쟁하듯 서 있다.

황남빵이 먼저냐, 경주빵이 먼저냐 라고 묻는다면 이야기는 약간 복잡해진다. 이런 형태의 빵이 처음 경주에서 모습을 보인 것은 일제 강점기 말부터다. 1939년 제빵장인이었던 故최영화 옹이 조상대대로 집안에서 팥으로 밥과 떡을 빚어

75년 전통을 자랑하는
황남빵. 원래 기술자였던
최영화 옹의 아들이
대를 이어 운영하고 있는
곳이다.

먹던 것을 새롭게 개발해 단팥소를 넣은 빵을 구워 팔기 시작했다. 최영화 옹이 세상을 뜨면서 아들인 최상은 씨가 물려받았는데 황남동에서 처음 만들어 팔았다고 해서 황남빵이다. 75년의 전통을 자랑한다.

한편, 1960년대 초부터 최영화 옹 밑에서 일하며 직접 빵 만드는 법을 전수받은 김춘경 옹이 독립을 하며 장사를 시작한 것이 경주빵이다. 그러니까 두 빵의 뿌리는 같은 셈이다. 원래의 기술자였던 최영화 옹의 아들이 대를 이어 빵을 팔고 있는 것이 황남빵이고, 최영화 옹의 기술을 직접 전수받은 것은 김춘경 씨의 경주빵이다. 그러니 어느 것이 먼저냐고 따진다면 황남빵이 먼저고, 누가 더 오랫동안 기술 전수를 받았는가를 묻는다면 경주빵이다.

하지만 지금은 원래의 기술자도 그 기술을 전수받은 사람도 모두 직접 빵을 만들지 않고 후손들이 만들어 팔고 있으니 원조 논쟁도 지지부진한 옛 이야기일 뿐이다. 다만 황남빵이나 경주빵 모두 손으로 만드는 수제 빵인 것만은 확실하다. 황남빵은

최영화 옹의 기술을 전수 받은
김춘경 씨가 운영하는 경주빵.
팥은 수입산을 쓰고 황남빵에
비해 더 단 맛이다.

경상북도의 명품으로도 지정되어 있다. 후손이 경영을 할 뿐 직접 빵을 만들지는
않지만 명색은 벌써 3대째 가업이 이어지고 있다. 줄을 서서 사갈만큼 장사가 잘 되지만
맛의 보존을 위해 체인점은 두지 않겠다고 고집한다. 대신 동대구역과 신경주역 등에
황남빵을 파는 부스가 있고 보문단지 내 경주호텔과 테지움에도 직영판매점이 있어
구입은 수월한 편이다.

체인점은 두지 않았지만 황남빵 본점의 규모는 상당하다. 경주에서는 중견기업이라고
할 정도다. 오픈 주방 형태라 손님은 빵을 사면서 빵 만드는 대부분의 공정을 계산대
너머로 볼 수 있는데 수십 명의 사람들이 다른 것엔 신경 쓰지 않고 오로지 각자
맡은 작업에만 몰두하고 있는 광경도 꽤나 이색적이다. 사람의 손이지만 공장의
기계부품처럼 느껴질 정도다. 황남빵에서 소비하는 팥의 양만해도 엄청나다. 빵 안에
들어가는 팥소는 국산 팥만 쓴다. 인근 지역에서의 계약재배를 통해 국산 팥의 물량을
확보하고 있다. 국산 팥의 가격이나 공급 상황이 쉽지 않아 국산 팥만을 고집한다는

것이 결코 쉬운 일이 아니다. 국산 팥으로 만든 황남빵은 경주에 있는 다른 비슷한 빵들에 비해 맛의 차이가 분명하다. 달지 않고 담백하다. 황남빵은 상표등록, 특허, 의장등록 등을 해놓은 덕에 원조와 아류의 차이를 박스에서부터 구분할 수 있다.

한편, 1978년에 문을 연 경주빵은 황남빵의 故최영화 옹으로부터 빵 만드는 방법을 전수받은 김춘경 옹이 처음 빵을 굽기 시작한 것이 현재까지 이어진다. 1960년대 초에 시작한 빵 만들기가 이제는 아들내외에게로 넘어와 대를 이어 50년이 넘었다. 황남빵과 마찬가지로 반죽과 팥 삶기 등 전 공정을 수작업으로 하는 전통 방식을 따른다. 방부제나 색소 등도 넣지 않는다. 그래서 상온에서는 4일 정도만 보관이 가능하고 두고 먹고 싶다면 냉동해야 한다. 다만 팥은 수입산을 쓴다. 경주빵에서는 다른 집들과는 다르게 겉에 계피가루를 묻힌 계피빵도 만든다. 다른 곳에서는 잘 팔지 않는 계피빵은 특유의 계피향 덕분에 더 감칠맛이 있다. 최근에는 유사품이 많이 생긴 것을 우려해 '경주빵'으로 상표등록을 마쳤다. 천마총 쪽샘 옆에 있는 황남동 본점 이외에도 황오동에 로터리점이 있으며 경주한화콘도점과 경주대명리조트점이 있다.

경주빵

약간 달달한 맛이다. 팥을 둘러싸고 있는 피는 도톰한 편이라 약간 투박한 식감이다. 모양을 따로 내지 않고 아무렇게나 뭉쳐 계피 가루에 굴린 계피빵은 계피향 덕분에 질리지 않고 먹을 수 있다. 1개 700원.

황남빵

빵 안에 팥소가 가득 들어 있지만 그다지 달지 않고 담백한 맛이다. 얇은 피도 쫀득하다. 우유나 차를 곁들여 먹으면 더 풍부한 빵맛을 즐길 수 있다. 개당 800원으로 국산팥을 사용해서인지 경주빵보다 100원이 더 비싸다.

TIP

택배도 되나요? YES
두 빵 모두 택배가 된다. 경주빵은 20개에 14,000원으로 3만 원 이하 주문 시에는 3,000원의 택배비를 고객이 부담하고, 3만원 이상이면 택배비가 무료다. 황남빵은 택배비가 선불로 합산되어 결제되며, 2,500원이고 5만 원 이상 구매 시 택배비 무료다.

AND
두 집 모두 먹고 갈 수 있는 테이블이 마련되어 있지만 포장시 잠시 쉬어가는 분위기로 음료류는 따로 팔지 않는다. 포장해 갈 경우 실온에서 4~5일 정도 서늘한 곳에서 보관이 가능하다. 장기 보관할 때는 냉동고 냄새가 배이지 않도록 꼭 밀봉하여 냉동할 것. 냉동실에서 꺼낸 후에는 뚜껑이 있는 용기에 담아 전자레인지에 20~30초 데워 차가운 우유나 따뜻한 차와 함께 먹으면 맛있다.

BUT
경주에 사는 현지인에게 물어보면 황남빵과 경주빵에 대한 취향이나 호불호가 제각각이다. 누가 원조냐는 논쟁도 여전하다. 그러니 이왕 경주 시내로 들어갔다면 걸어서 5분 거리인 두 가게의 빵을 다 맛보는 것을 권한다. 둘 다 낱개로도 구입이 가능하다. 한 집에서 많은 양을 사기보다는 두 집의 빵을 모두 낱개로 먹어본 후 구입하면 좀더 입에 맞는 빵을 고를 수 있다. 더불어 맛의 차이도 명확하게 느낄 수 있다.

INFO
황남빵
address_ 경북 경주시 황오동 347-1
telephone _ 054-749-7000
www.hwangnam.co.kr
time_ 08:00~23:00

경주빵
address_ 경북 경주시 황남동 13-1
telephone _ 054-772-1700
www.kyoungjubbang.co.kr
time_ 09:00~23:00

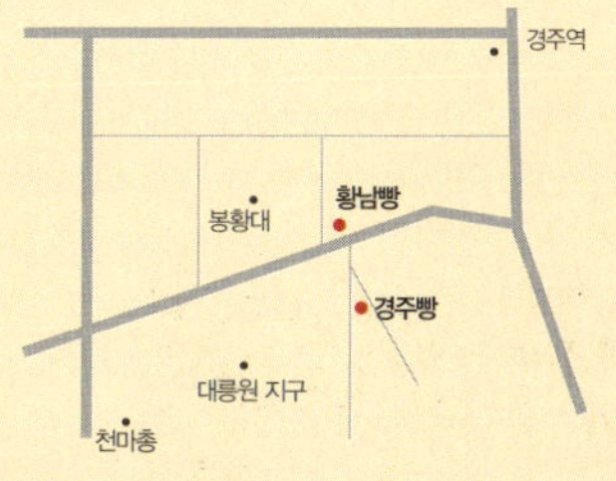

수수한 맛이 매력인 어른을 위한 간식
경주_ 단석가찰보리빵

● 　　찰보리빵. 언젠가부터 전국 어디서나 그 지역 이름을 걸고 파는 꽤 흔한 간식이다. 심심하면서도 담백한 맛이 보리에 익숙한 어른들 입맛을 먼저 잡더니 이제는 여행 마치고 돌아가는 길에 사 가는 인기 좋은 선물이 됐다. 그리 특별할 것도 없지만 무난하고 익숙한 맛과 모양 덕분에 특별히 호불호가 갈리지 않고 언제 먹어도 부담 없다는 이유로 꾸준한 사랑을 받고 있다.

나도 경주에 들를 때면 찰보리빵을 꼭 산다. 당뇨를 앓고 있는 엄마에게도 부담 없이 건넬 수 있는 빵이라서 더 그렇다. 내 입맛엔 좀 심심했는데 단 것을 경계하는 엄마는 옛날 맛 생각나게 하는 수수한 맛이라서 더 좋단다. 사실 찰보리빵이 처음

개발된 건 경주 '단석가찰보리빵'의 서영석 대표에 의해서다. 황남빵과 경주빵 일색이던 경주거리에 처음 찰보리빵이라는 이름이 보이기 시작한 건 2003년경이다. 일본에서 유학을 했던 서 대표는 어느 지방엘 가나 그 지역 특산품을 이용한 독특한

일본 유학을 했던
서영석 대표가 개발해낸
찰보리빵은 심심하고
담백한 맛으로 많은
사랑을 받고있다.

간식이 있는 일본의 식문화가 부러웠고 경주에도 경주의 농산물을 이용한 간식이 있었으면 좋겠다고 생각했다. 그러다가 유학생활 중 먹었던 도리야끼라는 화과자에 생각이 미쳤고 그것이 찰보리빵의 모티브가 됐다. 도리야끼는 서양의 팬케이크를 일본화한 독특한 간식인데, 경주에서 재배되는 토종 찰보리로도 작은 팬케이크 스타일의 빵을 만들 수 있겠다고 생각했다. 지역의 특산물을 이용한 간식을 만들어보고 싶었던 그 때, 마침 농업진흥청에서도 찰보리 품종을 개발해 보급하던 때여서 시기도 잘 맞아 순탄하게 찰보리빵을 개발할 수 있었다.

거무튀튀하고 거친 보리에 비해 찰보리는 훨씬 부드럽고 찰지다. 찰보리는 경상북도가 지정한 우수 농산물이기도 한데 경주 인근의 단석산 밑에 찰보리를 재배하는 농가도 50여 가구가 있다. 덕분에 찰보리 공급도 안정적으로 이루어질 수 있었다. 찰보리빵의 상호도 경주 단석산의 이름에서 차용했다. 옛날 김유신 장군이 무예를 익혔던 장소이자

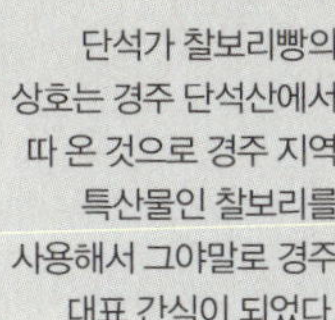

단석가 찰보리빵의
상호는 경주 단석산에서
따 온 것으로 경주 지역
특산물인 찰보리를
사용해서 그야말로 경주
대표 간식이 되었다.

지금은 찰보리밭이 많다는 단석산의 이름을 따 '단석가찰보리빵'이라고 지었다. 신라의
역사와 찰보리의 생산지를 십분 살린 이름이다.

서 대표는 찰보리빵을 제대로 만들기 위해 다양한 시도와 실험을 했고 그러면서 나름의
방법도 터득했다. 그 비법으로 특허도 받았다. 많은 시행착오를 거치며 찰보리빵에
대한 애정도 더 강해졌다. 찰보리빵은 만드는 법이 간단하고 별다른 맛의 채색이나
더함이 없기 때문에 기본이 되는 빵 맛이 가장 중요하다. '작은 차이가 명품을 만든다'는
말처럼 아주 작은 차이가 빵의 질을 결정한다고. 찰보리빵 반죽은 보통 2시간 정도
숙성시키는데 빵의 숙성 정도에 따라 쫄깃하고 찰진 맛이 달라진다.

찰보리빵에서 찰보리 외에 맛을 좌우하는 또 다른 중요한 재료가 바로 달걀이다. 그래서
단석가찰보리빵에서는 비린내가 나지 않는 신선한 자연방사유정란만 쓴다. 느끼하지
않고 고소하면서도 담백한 빵 맛을 유지하는 비결이다. 찰보리와 달걀 외에도 우유와

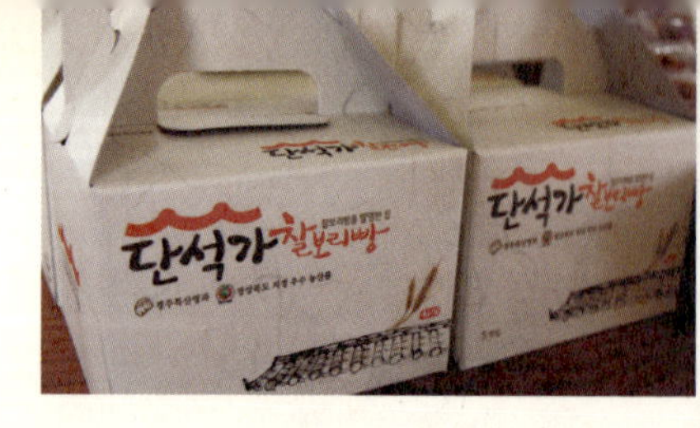

단석가찰보리빵은 달걀과
팥 등의 재료는 국산을
쓰고, 우유와 설탕 등도
좋은 재료를 쓴다.

설탕 등이 주재료로 쓰이는데 뭐든 재료가 좋아야 맛이 좋다는 신념으로 질 좋은 재료의
공급에 늘 신경 쓴다. 찰보리는 경주산을, 달걀과 팥 등의 재료는 모두 국산을 쓰고 국산
중에서도 좀더 좋은 재료를 쓰려고 애쓴다.
단석가찰보리빵은 방부제를 전혀 넣지 않지만 여름에는 2~3일, 겨울에는 4일 정도
실온에서 보관할 수 있고 냉동보관하면 한 달 이상도 두고 먹을 수 있다. 냉동된
찰보리빵은 10분 정도 자연해동해도 좋고 밥솥에 넣어두었다가 먹어도 맛있다.
경주고속버스터미널과 가까운 내남사거리 본점과 오릉점, 천마총점, 황오점, 사정점
등 경주에만 5개의 직영점을 운영 중이고 서울 강남에도 분점이 있다. 카페를 겸하고
있는 오릉점에서는 찰보리 아이스크림과 토마토 아이스크림도 먹을 수 있는데 독특한
아이스크림 역시 맛이 수수해 아이뿐 아니라 어른들에게도 인기다.

찰보리빵

찰보리빵은 수수한 맛이다. 황남빵이나 경주빵처럼 팥소가 많이 들어가지도 않고 동그란 빵 속에 마치 잼처럼 약간 들어있는 정도다. 찰보리로 만든 빵도 담백한 맛이다. 달거나 짭짤한 맛을 위주로 하는 빵들 사이에서 단 것을 좋아하지 않는 사람에게 안성맞춤이다. 달지 않아 잘 질리지도 않는다. 20개 12,000원.

찰보리 아이스크림

수많은 찰보리 빵집 중 오직 단석가찰보리빵집에서만 맛볼 수 있는 메뉴로 빵집에서 직접 만든다. 달지 않고 수수한 보리 맛이 느껴져 매력 있다. 여름엔 찰보리 아이스크림과 찰보리빵을 함께 먹는 것도 썩 잘 어울린다.

TIP

택배도 되나요? YES
택배로 주문하면 하루가 걸리고 4만원 이상 주문하면 택배비 무료, 그 이하는 3,000원의 택배비가 든다.

AND
단석가 찰보리빵 오릉점은 한산한 곳에 위치해 너른 마당과 함께 카페를 갖추고 있어 여유로운 분위기를 누릴 수 있다. 경주여행을 하다가 출출한 입도 달래고 지친 다리도 쉬어가기 좋은 장소다.

BUT
경주에만도 찰보리빵 가게가 수두룩하고 타지방에도 지역의 이름을 딴 찰보리빵이 왕왕 팔리고 있다. 다른 제품과 찰보리빵을 같이 파는 가게보다는 찰보리빵만 파는 가게가 빵의 질을 더 믿을 수 있다. 다양한 제품을 판매하는 곳에서는 찰보리빵을 납품받아 파는 경우가 많으니 찰보리빵을 직접 만들어 파는 가게의 찰보리빵을 선택하는 것이 좋다.

INFO
address_ 본점 : 경북 경주시 사정동 55-6
telephone _ 054-741-7520,
www.chalboribread.com
time_ 08:00~23:00

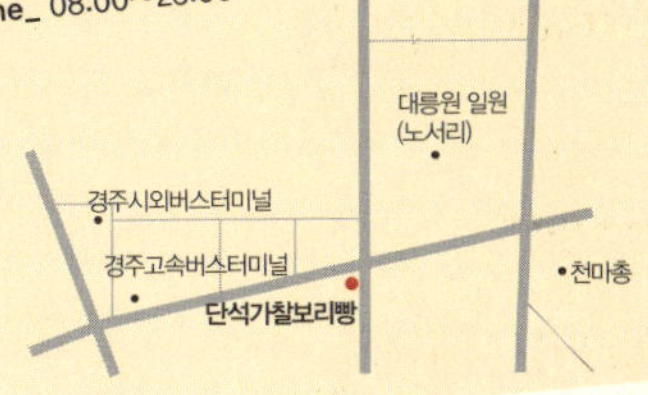

통영 명물, 통영여행의 별미

통영 _ 오미사꿀빵

팥을 넣고 튀겨낸 아이주먹만한 동그란 빵, 뜨거운 빵에 조청을 입힌 후 깨를 뿌린 것이 바로 통영의 명물, 꿀빵이다. 이제 통영에 가서 꿀빵을 먹어보지 않고 오는 사람은 거의 없을 정도로 꿀빵은 통영을 대표하는 간식이 됐다. 번화가가 아니라도 조그만 동네 어느 거리를 걷든 꿀빵 가게 하나쯤 없는 곳이 없고 각각 다른 간판을 건 꿀빵집만 해도 통영 시내에 150개가 넘는다. 가게마다 꿀빵 모양이나 고명도 다채롭다. 각종 견과류를 뿌려 먹음직스럽게 옷을 입힌 울퉁불퉁 못난이 꿀빵도 있고

반죽에 다양한 색을 내는 곡물을 섞어 보라색, 검정색, 노란색의 다채로운 색을 내는 꿀빵집도 있다. 꿀빵 안에 들어가는 소 역시 팥을 기본으로 해서 가게에 따라 곡물이나 과일을 섞은 다양한 소를 넣기도 한다.

이렇게 가지각색의 꿀빵집 앞을 서성이다보면 어떤 꿀빵을 사 먹어야 할까 고민되기 마련이다. 여기서는 통영꿀빵의 원조 격인 오미사꿀빵을 소개하지만 그렇다고 통영에서

오미사꿀빵이 전국적인
조명을 받기 시작한
몇 년 사이에 통영에는
수많은 꿀빵집이 생겼다.

꼭 오미사꿀빵만 고집해야 한다고 말하고 싶지는 않다. 오미사꿀빵이 맛있는 것도
사실이지만 사람들의 기호에 따라서는 다른 브랜드의 꿀빵들도 나름의 명성을
얻고 있기 때문이다. 더구나 강구안 문화의 거리는 한집 건너 한집이 꿀빵집과
충무김밥집이고 늘어선 꿀빵집들은 저마다 나름의 개성을 자랑한다.

하지만 그 중에도 옥석은 있기 마련. 현란한 겉모습으로 유혹하는 꿀빵 중에는 정말
별로인 것도 있다. 아무래도 후발 주자일수록 겉모습이 화려하고 소에 다른 재료를
더하는 등 기본적인 꿀빵을 변형한 것들이 많다. 그 많은 꿀빵집들의 꿀빵을 다 먹어볼
수는 없었지만 맛이란 원래가 미세한 차이에서 오는 것이다 보니 아무거나 사 먹으라고
할 수도 없는 노릇이다. 문화의 거리 일대의 꿀빵집들에선 가게에 따라 마트의 시식
코너처럼 지나가며 한 조각씩 맛볼 수 있는 곳들도 더러 있으니 걸어가며 시식해보는
것도 좋다. 시식 후 사 가지 않는다고 인상을 쓸 정도로 통영의 인심이 나쁘지는 않다.

오미사꿀빵 본점도 강구안과 멀지 않은 적십자병원 골목에 있다. 맛의 실패가 싫은
사람이라면, 혹은 꿀빵 하나 먹어보겠다고 통영에 왔다고 한다면 그래도 구관이

명관이겠다. 오미사꿀빵은 시내에 있는 본점과
해저터널을 지나 봉평동에 있는 분점으로 나뉜다. 본점은
1963년부터 통영에서 꿀빵을 만들어 판 정원석 씨
부부가 운영하고 분점은 그 둘째 아들 정창엽 씨가 운영한다.
사람들은 대형화된 분점보다 할머니 · 할아버지가 아직 자리를 지키고 있는 본점을
더 선호하는 편이다. 하지만 본점의 꿀빵을 먹어보기란 쉬운 일이 아니다. 계속 빵을
튀겨낼 수 있는 분점에 비해 본점의 빵은 어이없이 일찍 떨어진다. 점심시간도 되기
전에 떨어지는 일도 허다하다. 관광객이 몰리는 어떤 날은 오전 9시가 되기도 전에
장사가 마무리되기도 한다. 늘 손이 모자라는 본점에서는 반죽이나 소 등 준비된 재료가
떨어지고 나면 그날 장사는 끝이다. 일하는 사람이 많고 일손이 분업화된 분점에서는
부족하면 그때그때 계속 튀겨내기 때문에 빵이 모자라 못 파는 일은 거의 없다.
통영의 꿀빵은 원래 한국 전쟁 후 통영에 있는 여러 제과점에서 만들어 팔던 빵이다.

오미사꿀빵을 만든 정원석 옹도 전쟁 후 나라에서 배급받은
밀가루로 도넛과 꿀빵 등을 만들어 좌판에서 팔았다. 그리고 유명
제과점에서 근무하던 경험을 살려 1960년대 초에 꿀빵 장사를
시작했다.
꿀빵은 통영에서는 흔한 빵이었지만 세월을 지나며 서구식의
세련된 빵들에 밀려 하나 둘 자취를 감추고 사라져 버렸는데
오미사꿀빵만은 계속 꿀빵을 만들어 팔았고 요사이 대중매체에
의해 빠르게 입소문을 타면서 다시 통영의 명물로 자리 잡게 된
것이다. 한번 유명해지니 여기저기서 다시 꿀빵을 만들어 팔기
시작했고 지금은 통영에서 빠지지 않는 별미가 됐다.
그런데 오미사라는 이름의 유래가 참 재미있다. 처음 장사를 시작할 때는 간판도 이름도
없이 꿀빵을 만들어 팔았는데 그 자리가 마침 오미사 세탁소 바로 옆이었다. 사람들이
오미사 세탁소 옆 꿀빵집이라 부르던 것이 점점 오미사꿀빵이 되었고 세탁소가 없어진

후에도 오미사꿀빵은 사람들의 기억 속에 계속 남았다. 그래서 아예 오미사꿀빵으로
간판을 단 것이다. 통영 시민들이 지은 이름이라 할만하다.
오미사꿀빵의 역사가 50년이다. 오미사꿀빵이 전국적인 조명을 받기 시작한 몇 년
사이에 통영에는 수많은 꿀빵집이 생겼다. 다들 나름대로는 다양한 시도를 하며 꿀빵
맛을 개발하고 또 판매하고 있지만 50년 역사와 3~4년의 역사에는 엄연한 맛의 차이가
있을 테다. "꿀빵 맛이 다 거기서 거기지." 하고 말할 수도 있고 "작은 차이가 큰 차이를
만든다."고 말할 수도 있겠으니 판단은 어차피 여행자의 몫이다.

오미사꿀빵

겉에 묻은 조청과 빵 안에 든 팥 때문에 꽤 달달하다.
빵 안에 팥이 가득 차 있다 싶을 정도로 꽤 많은 양의
팥이 들어간다. 디저트로 먹기도 괜찮고 단 것이 당길
때 여행길 간식으로 먹기도 좋다. 분점에서는
호박앙금과 자색고구마앙금이 든 꿀빵도 판다.
꿀빵의 유통기한은 상온에서 3일 정도다. 팥앙금
10개들이 1팩 8,000원. 호박앙금 3개 +
자색고구마앙금 3개＝6개들이 1팩 6,000원

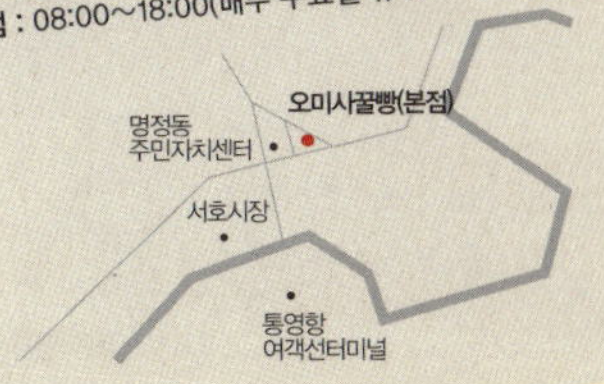

'국풍 81' 등에 업은 충무김밥의 원조

통영_뚱보할매김밥

통영 어디를 가나 충무김밥집은 흔하다. 특히 통영 강구안 문화의 거리 일대에는 통영에서도 유명하다는 충무김밥집이 즐비하다. 뚱보할매 김밥을 비롯해 한일관, 풍화김밥, 엄마손김밥 등 저마다의 역사를 가진 김밥집들이다.

너도나도 원조라는 간판을 달고 있지만 사실 충무김밥에서 원조와 아닌 것의 차이는 그리 크지 않은 것 같다. 오랜 역사도 그것대로 의미가 있지만 현재의 맛으로 승부해야 하는 게 음식장사 아니던가. 흔히 어느 음식이든 원조 논쟁이 있긴 하지만 맛이란 먹는 사람 개인의 취향과 입맛에 따른 것이지 원조가 더 맛있고 다른 집은 그에 못하다라고 섣불리 말할 수 없다. 백인백색, 백인백미이기 때문이다.

그럼에도 원조집을 소개하는 것은 뚱보할매 김밥의 스토리 때문이다. 음식점의 역사는 다른 말로 그 음식의 스토리다. 이야기가 있는 김밥, 멋지지 않은가. 김에 야채를 넣어 밥과 함께 말은 일반김밥 대신 통영에서 충무김밥을 만들어

충무김밥은 뱃사람들이 먹기 좋게 상하지 않도록 밥을 김에 말아 따로 싸고, 꼴뚜기나 오징어와 함께 큼직하게 썬 무를 매콤하게 무쳐낸 것이 시작이다.

먹기 시작한 건 해방 직후부터다. 어두리할매라 불렸던 뚱보할매는 부산과 여수를 지나는 기착지인 통영에서 뱃사람들과 여행객이 쉽게 끼니를 해결할 수 있도록 김밥을 말아 팔았는데 너무 쉽게 상하는 것이 늘 문제였다. 그러다 밥과 반찬을 따로 주는 지금의 충무김밥을 생각해 냈다.

배멀미로 지친 사람들의 입맛에 매콤한 김밥은 적중했다. 밥을 김에 말아 따로 싸고 바닷가에 흔하고 싼 꼴뚜기나 오징어와 함께 큼직하게 썬 무(일명 슥박김치)를 매콤하게 무쳐 내며 여행객들에 의해 '충무김밥'이라는 이름이 붙여졌다.

그런데 왜 통영에서 파는 김밥이 충무김밥일까? 통영의 옛 지명이 충무였는데, 90년대 초 지자체 통폐합 때 충무가 통영으로 편입되었다. 하지만 충무김밥만큼은 통영김밥이 아니라 여전히 충무김밥이다.

그 많은 충무김밥 중에서도 뚱보할매김밥이 원조가 된 것은 사실 '국풍81'이라는 전국적인 축제 행사 때문이었다. 1981년 5월은 전두환 정권이 5·17쿠데타를 일으켜 제5공화국이 출범한 지 1주년이 되는 시기였고 더불어 5·18 광주 민주화 운동 역시

1주년이 되던 해였다. 그러한 시류에서 정부는 반정부 움직임을 차단하고 국민들의 시선을 다른 곳으로 돌리기 위해 '국풍81'이라는 국가 차원의 대규모 민속축제를 열었다. 정부의 특정한 의도와 목적으로 시작된 '국풍81'은 전국의 민속문화를 중심으로 각종 공연과 대회, 축제와 장터가 버무려진 문화축제를 표방하였는데 여의도에서 며칠간 밤낮없이 진행된 이 축제의 참여 인원만 천만 여명에 달할 정도였다. 당시 충무에서 올라온 뚱보할매도 행사에 참여해 충무김밥을 만들어 팔았는데 반응이 좋아 전국적으로 유명세를 타게 된 것이다. 그러면서 충무에도 우후죽순처럼 충무김밥집이 생겼다. 벌써 30년도 넘은 일이다. 처음 유명세와 매스컴을 탄 건 뚱보할매였지만 그때의 충무에서 뚱보할매만 충무김밥을 만들어 판 것은 아니었을 테다. 그러니 누가 원조네 아니네 하는 논란보다는 어느 집이 반찬으로 나오는 오징어무침과 무김치를 더 맛깔스럽게 만들어내느냐가 더 중요하다. 사실 통영 어느 시장통에서 충무김밥을 사 먹어도 어느 정도는 기본적인 맛을 보장한다. 무김치만 맛있어도, 오징어만 신선해도, 충무김밥 맛의 절반은 성공이다. 그러니 통영에서 맛없는 충무김밥을 찾기가 더 어려울 수도 있다. 충무김밥에 나오는 무김치는 깍둑 썰지 않고 슥슥 썰어낸 슥박김치인데 아삭아삭하고 새콤한 맛이 입맛을 돋운다. 뚱보할매김밥의 오징어무침은

뚱보할매김밥집의 오징어무침은 간장으로 간을 하고 무김치에 들어가는 멸치젓도 3년 숙성된 것을 써 맛이 깊다.

간을 간장으로 하고 무김치에 들어가는 멸치젓도 3년 숙성된 것을 사용해서 맛이 깊다. 오징어무침은 어묵과 함께 무쳐내는데 매콤달콤한 맛이 담백한 김밥과 궁합이 잘 맞는다. 뚱보할매집에서는 무김치와 오징어무침을 손님들이 볼 수 있는 유리 너머에서 바로 퍼 준다. 쌀과 고춧가루, 무, 오징어, 김 등 재료를 모두 국산으로 쓰는 것도 믿을 만한 점이다. 충무김밥과 함께 나오는 시래기 된장국도 간이 세지 않아 약간 매콤한 충무김밥과 함께 먹기 좋다. 통영 여기저기에 충무김밥집이 넘쳐나지만 사람들이 줄을 서서 먹을 정도로 뚱보할매김밥집을 찾는 것은 아마도 유명세보다는 언제 찾아도 변치 않는 그 맛깔스러움에 있을 테다.

충무김밥

1인분을 시키면 작은 꼬마 김밥말이가 8개 나오고 시큼한 무김치와 매콤달콤한 오징어무침, 약간의 시래기 된장국이 곁들여진다. 매콤한 오징어무침이 김밥과 잘 어울리고 시래기 된장국과 무김치가 소화를 도와 먹고 나서도 속이 편하다. 1인분 4,500원

TIP

택배도 되나요? NO
포장은 가능하지만 택배는 불가능하다. 충무김밥이 잘 상하지 않기는 해도 그날 만든 것은 그날 먹는 것을 권한다.

AND
뚱보할매김밥집은 강구안을 접한 2층 건물이라 2층에 올라가면 바다를 보면서 충무김밥을 먹을 수 있다. 김밥집답지 않게 밤 늦게까지 문을 열기 때문에 술 한잔 후 출출함을 달래기도 좋다.

BUT
뚱보할매집에서 포장은 2인분부터 된다. 1인분만 포장할 거라면 다른 충무김밥집을 이용하는 것이 좋겠다. 포장을 해도 당일 먹는 것이 좋다. 또 주말과 휴가철 등 사람이 많을 때는 셀프서비스로 이용해야 한다.

INFO
address_ 경남 통영시 중앙동 129-3
telephone _ 055-645-2619
time_ 006:00~02:00 (토요일~24:00, 연중무휴)

고구마 말려 끓인 담백한 한 끼 식사

통영_빼떼기죽

온통 꿀빵집과 충무김밥 천지인 강구안 해안의 가게들 사이로 얼핏 빼떼기죽 간판이 보인다. 저녁 늦게까지 사람들로 넘치는 꿀빵이나 김밥집들과는 달리 8시도 채 안됐는데 벌써 문을 닫으려던 빼떼기죽집에 거의 쳐들어가듯 들어가 자리를 잡았다. 주인 아주머니는 청소를 마치고 의자까지 모두 탁자 위로 올려놓은 채였지만 그래도 홀로 들어오는 외지손님을 박대하지 않는다.

"내 가게 문 열고 들어온 내 손님인데 우째 그냥 보내노."

문 닫을 시간에 들이닥쳐 혼자 죽 한 그릇 먹고 가겠다는 손님이라도 주인 아주머니는 망설임 없이 정돈되어 있는 부엌 한 쪽에서 다시 불을 당긴다. 호기심 가득한 마음으로 이름마저 생소한 빼떼기죽 한 그릇을 시킨다.

'빼떼기'는 '말린 고구마'의 경상도 사투리다. 고구마를 얇게 썰어서 살짝 찐 다음 볕에 말리면 빼떼기가 된다. 빼떼기죽은 빼떼기와 함께 강낭콩과 조를 같이 넣어 끓인다. 설탕은 약간만 넣어 끓인 후 손님이 기호에 맞게 따로 넣어 먹도록 한다. 적당히 달달하면서도 식사로 먹어도 좋을 만큼 담백하다.

죽 색깔은 갈색인데 고구마 껍질을 안 벗기고 말려서 끓이고 갖은 곡물을 섞어 만들기 때문이다. 두 시간 동안 푹 끓이면 그 딱딱했던 빼떼기도 노골노골 걸쭉한 죽이 된다. 죽은 겨울엔 뜨겁게 먹지만 여름엔 시원하게도 먹는다. 이 집에선 직접 농사지어 말린 고구마와 호박을 이용해 죽을 끓인다. 사실 수요가 별로 없으니 빼데기가 따로 유통될

빼떼기죽은 말린 고구마와
강낭콩, 조를 함께 넣어
푹 끓인 통영의 별미다.

일도 없다. 그저 가정에서 해먹는 간식이니 식당에서도 직접 빼떼기를 손질해 말린다.

빼떼기죽은 깍두기나 물김치, 동치미 등을 곁들어 먹어도 맛있다. 삶은 고구마를 김치나 동치미와 함께 먹는 것과 같은 맥락이다. 식감이 뻑뻑해서 목이 멜 수도 있는 고구마에 신 김치를 척척 걸쳐 먹는 것처럼 빼떼기죽도 물김치나 동치미와 같이 먹으면 궁합이 잘 맞는다. 상호마저 '빼떼기죽'인 이곳의 물김치는 여러 가지다. 때에 따라 갓 물김치가 나오기도 하고 열무 물김치, 배추 물김치 등 다양하다. 소화가 잘 되는 깍두기와도 잘 어울린다. 어렵던 시절에는 고구마를 바짝 말려놓은 이 빼떼기가 간식을 넘어 한겨울 요긴한 식량이었다. 빼떼기죽, 그 이름에서부터 어쩐지 어렵던 시절의 음식일 거라고 짐작하게 된다. 얼핏 어감만 들으면 참 밉살스런 이름이지만 빼떼기죽으로 끼니를 때웠을 그 시절을 생각하면 그마저 정겨운 이름이다. 주인 역시 어릴 때 먹을 것 귀하던 겨울 자주 해 먹던 음식이었다고 전한다.

가을 햇볕에 바짝 말린 빼떼기는 광합성 작용을 통해 제 몸 속에 비타민D 등 태양에서 오는 갖가지 영양을 가득 품는다. 햇볕에 말린 표고버섯이 바로 딴 것보다 더 영양이 많듯, 빼떼기도 일반 고구마보다 영양이 더 풍부하고 죽으로 끓여 먹으면 소화도 잘 된다. 겨울날 간식으로 그냥 씹어 먹기도 하고 죽을 끓여

106

한 끼 때우기도 좋았던 빼떼기. 못 먹어 꺼칠해진 얼굴에 그나마 기름기를 더해 주고
허기진 얼굴에 작은 웃음기를 심어주었을 고마운 먹을거리다.
다채로운 먹을거리 앞에서 지금은 누구 하나 끼니 때문에 간절히 찾는 이는 없다고
해도, 없이 살던 시절에는 촌집 어디에서나 귀한 식량이었을 빼떼기. 시절에
따라 뒷전으로 밀리는 음식과 환영받는 음식이 달라질 테지만 빼떼기는 여전히
누군가에게는 곰곰한 추억을 되씹게 하는 간식이다.

빼떼기죽

말린 고구마를 죽으로 끓여낸 빼떼기죽은
담백하고 구수한 맛이다. 팥죽이나 호박죽처럼
설탕을 얼마나 넣느냐에 따라 당도가 달라진다.
고구마에 기본적인 단맛이 있고 죽에서
곡물의 단맛이 배어나오기 때문에 굳이 설탕을
넣지 않아도 된다. 간식은 물론 한 끼 식사로도
손색없다. 다이어트식으로도 좋다.
한 그릇 5,000원

TIP

택배도 되나요? NO
택배는 되지 않는다. 작은 죽집들이 대부분이고 죽이라 쉽게
퍼질 수 있기 때문에 가서 먹거나 집에서 직접 말려 끓여먹어
보는 것도 좋겠다.

AND
빼떼기죽 외에 호박죽과 팥칼국수 등도 함께 판다. 여럿이
갔다면 여러가지 죽을 시켜 나누어 먹어도 좋다. 간식으로도,
식사대용으로도 괜찮다.

BUT
통영에선 이름난 먹거리이지만 꿀빵과 김밥에 밀려
빼떼기죽집이 생각보다 많지는 않다. 강구안 문화의 거리나
중앙시장 등에 가면 맛볼 수 있다.

INFO
address_ 경남 통영시 항남동 1-67
telephone _ 055-646-3443
time_ 09:30~19:30

DESSERT

간식여행 06

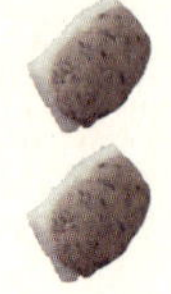

한 입 크게 베어 물면 벙어리가 되고 마는

안동_버버리찰떡

아침부터 작은 가게 안이 소란스럽다. 한쪽에서는 찰떡을 만드는 사람들의 손길이 분주하고 떡을 사기 위해 오가는 사람들의 발길도 덩달아 바쁘다. 가게 귀퉁이에서는 지방축제에서나 볼 법한 풍경이 아무렇지도 않게 펼쳐진다. 고두밥 한 덩이가 나무 떡메로 찰지게 매를 맞고, 매 맞은 찰떡은 고르게 펴져 네모반듯하게 잘려진다. 팥고물을 뭉쳐서 찰떡에 '턱' 하고 붙이는 손길마저 야무지다. 작은 가게, 7~8명의 사람들이 떡을 만드는 모습은 찰리채플린의 영화 '모던타임즈'를 연상시키는 일사불란한 몸짓이다. 하루 이틀 해 본 솜씨가 아니다.

무엇보다 떡 모양이 재미있다. 고물을 안에 넣지 않고 그냥 네모난 찰떡 위에 척척

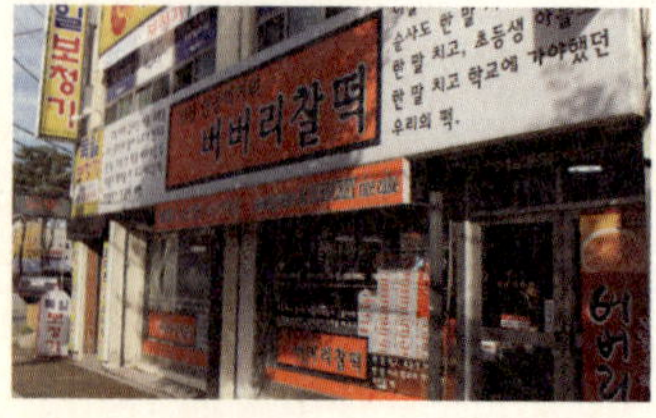

붙이거나 떡을 굴려 고물을 묻힌다. 누드 찰떡이다. 그래서 만드는 모습도 얼핏 수월해 보인다. 반듯하게 자른 찰떡에 앞뒤로 고물을 붙이거나 묻히면 끝이다. 떡메도 여러 번 치지 않는다. 열 댓 번이면 족하다. 그래서 떡을

버버리떡은 촌스럽고
투박한 시골떡으로 안동의
전통음식으로 전해
내려오고 있다.

잘라보면 보일듯말듯 드문드문 밥알이 보이고 씹을 때도 입안에 반쯤 잘린 밥알이 굴러다닌다. 찰떡은 퍼지지 않고 쫀득한 것이 치아에도 잘 붙지 않고 씹는 맛도 좋다. 고물도 갖가지. 원래는 팥고물 한 가지였지만 지금은 검은팥, 팥을 계피한(껍질을 벗긴) 흰팥, 검은 깨, 흰깨, 콩고물 등 고물 종류가 5가지다. 팥은 달지 않아 쉬이 질리지 않고 깨는 통깨가 톡톡 씹히는 맛이 재미있다. 콩고물은 고소하다. 100퍼센트 찹쌀로 만든 떡은 첨가물이 들어가지 않은 심심한 맛이다. 단 것을 별로 좋아하지 않는 사람도 수수하게 입 안을 감도는 은근한 떡맛을 좋아할 법 하다.

안동 버버리떡은 화려한 맛과 모양의 도시 떡과는 다른 촌스럽고 투박한 시골 떡이다. 떡에도 스타일이 있다면 버버리떡은 그 이름 같지 않게 소박한 서민스타일이고 그 이름처럼 거창한 안동의 명품이다. 사실 '버버리'는 '벙어리'라는 뜻의 안동 사투리로 한 입 가득 베어 물면 입안에 떡이 가득 차서 벙어리가 되어 버린다는 의미에서 지어진 이름이다. 찰떡을 파는 할머니의 아들이 벙어리여서 버버리찰떡이

버버리찰떡집은
아침부터 문전성시를
이루는 안동의 대표
떡집이 되었다.

됐다는 속설도 있다. 혹자가 말하길, 안동은 이름난 양반의 고장인지라 제사음식 같은
전통적인 식문화는 발달했어도 점잖지 않은 간식문화는 아예 존재하지도 않는다더니
이처럼 모양 없고 투박한 떡이 이름을 날리는 이유는 무엇일까.
손님의 의문에 주인장의 대답이 명쾌하다.
"양반이 두세 명이면 그 밑의 하인들은 이삼십 명쯤 될 겁니다. 안동 산다고 하면 다 양반
자손인 줄 알지만 아마 상놈의 자식이 더 많을걸요"
그러니까 버버리찰떡은 양반들이 먹던 고상한 떡이 아니라 봇짐꾼이 고개를 넘고
하인이 지게를 지며 입 안 가득 밀어 넣으며 허기를 달랬던 서민들의 간식이었다.
최근 버버리찰떡이 다시 인기를 끌자 인근에는 또 다른 원조 할머니의 아들이
운영하는 찰떡집도 생겼다. 이름하여 벙어리찰떡. 누가 원조냐는 싸움은 어딜가나
비슷한 스토리다. 신재철 사장이 비법을 이어받은 버버리찰떡은 안동에서 70년을
이어오고 있지만 맥이 끊긴 적도 있었다. 지금의 가게는 2004년에 오픈한 것이다.
1980~90년대에 접어들며 사람들 입맛이 떡에서 빵으로 옮겨갔고 원조 할머니의
건강도 나빠져 한때 문을 닫았었다. 그러다 안동토박이인 사업가 신 씨가 우연히 다시

맛본 찰떡의 맛과 전통에 매료되어 원조할머니들을 수소문해 비법을 전수받고 다시 문을 열었다. 처음 문을 열었을 때는 장사가 잘 되지 않았다. 간식으로서의 떡은 이미 쇠퇴의 길을 걷고 있었고 사람들의 관심에서도 밀려난 후였다. 그러다 안동의 전통을 이어간다는 명분을 인정받아 매스컴에 하나 둘 나오기 시작했고 그 맛과 전통이 재조명되면서 지금은 다시 아침부터 문전성시를 이루는 안동의 대표 떡집이 됐다. 버버리찰떡은 간식은 물론 간단한 식사 대용으로도 인기다. 하나에 800~900원 하는 어린애 손바닥만 한 떡은 두 개만 먹어도 배가 든든하다. 바로 먹을 손님들은 방금 만든 떡을 사 가지만 두고두고 먹을 요량이라면 만든 후 바로 급속 냉동시킨 떡을 사 간다. 개별 포장된 것을 그때그때 한두 개씩 해동해 먹으면 처음의 떡 맛을 오래도록 맛볼 수 있다. 바로 만든 떡과 해동한 떡의 맛은 구분되지 않을 정도로 비슷하니 냉동된 떡의 맛은 걱정하지 않아도 좋다. 그 옛날 봇짐지고 유랑했던 장사꾼처럼 요즘의 여행자에게도 버버리찰떡은 여행 중 배고픔을 달래주는 요긴한 간식이다.

검은팥 버버리찰떡

팥알이 듬성듬성 보이는 검은팥 찰떡의
팥은 달지 않고 담백하다. 팥의 색이 여느
팥처럼 시꺼멓지 않고 회색을 띄는 것이
특징이다. 팥을 직접 삶아 가공해 믿고
먹을 수 있다.

하얀팥 버버리찰떡

팥의 껍질을 벗겨 만든 하얀팥. 식감은
검은팥보다 부드럽고 단맛도 덜하다.
찰떡과의 궁합도 좋다.

깨 버버리찰떡

검은깨와 흰깨 두 가지가 있다. 통깨를 찰떡에 묻혀
깨가 오독오독 씹히는 맛이 재미있고 고소하다.
개인적으로 찰떡과의 궁합은 팥보다 덜하다고
생각하지만 단 맛을 그리 좋아하지 않는다면
나쁘지 않다.

TIP

택배도 되나요? YES
택배용은 만들자마자 급속냉동을 시켜 배송되므로 냉동고에
넣어두고 최대 6개월까지 먹을 수 있다. 냉동상태의 떡은
실온에서 1시간 정도 그대로 두거나 전자레인지에 30초 동안
해동하면 먹기 좋은 상태가 된다. 택배는 버버리떡 50개가
들어가는 4만 5천원 상자부터 가능하며 택배비 4,000원은
별도다. 홈페이지(buburi.com)에서 주문할 수 있다.

AND
떡집에 가면 직접 떡메로 떡을 치고 모양을 잡고 고물을 묻혀
떡을 만드는 전 과정을 누구나 볼 수 있다. 포장은 10개
들이부터 50개 들이까지 다양하며 안동식혜도 함께 판다.

BUT
먹고 갈 수 있는 공간은 따로 마련되어 있지 않다. 포장만
가능하다. 한두 개도 살 수 있으니 부담 없이 들러도 좋다.

INFO
address_ 경북 안동시 옥야동 339-3
telephone_ 054-843-0106
time_ 8:00~19:00

입맛 살리는 빨간 식혜

안동 _ 안동 식혜

안동 식혜는 빨갛다. 빛깔도 예쁜 다홍색이다.
왜? 식혜에 난데없이 고춧가루를 넣었기 때문이다.
그렇다고 고춧가루가 둥둥 떠 있거나 밑에 가라앉아 있는
건 아니다. 고춧물을 면보에 걸러 그 칼칼한 맛과 향, 색만
살린다. 칼칼한 맛이라면 고춧가루에 뒤지지 않을 생강도
들어간다. 고춧가루의 붉은 색과 생강의 매콤한 맛이 절로
입맛을 돌게 한다. 안동식혜는 아는 사람은 알고 모르는
사람은 통 모르는 안동의 토속음식이다. 그 맛과 향과 색이
안동의 명물이라 할 만 하다. 일반 식혜와 만드는 과정은 비슷하다. 안동 식혜는 찹쌀
100퍼센트로 만드는데 고두밥을 쪄서 물과 엿기름을 넣는 것까지는 같은 과정이다.
이 때 생강과 고춧가루, 무를 함께 넣고 −1도 ~0도에서 3~4일간 발효시킨다. 그런
후 다시 15일간 숙성시켜 걸러내면 안동 식혜가 완성된다. 고춧가루와 무를 넣는다는
것이 일반 식혜와 가장 다른 점이다. 달달한 맛이 아니라 톡 쏘면서 알싸한 맛의 시원한

식혜다. 쌀알은 물론 채를 치거나 사각으로
썬 작은 무 조각들도 둥둥 떠 있다. 계피가루
냄새가 살짝 나면서 매운 기운도 풍긴다. 생강과
고춧가루가 들어가 칼칼한데다 계피가루가
섞인 맛은 묘하게 매력적이다. 숙취해소에도

좋다. 안동 식혜는 음식을 다 먹고 후식으로 먹는 것도 좋지만 동치미처럼 음식과 함께 먹어도 궁합이 좋다. 버버리찰떡과도 찰떡궁합이다. 조선시대 씌어진 한글로 된 최초의 조리서인 '음식디미방'에서는 안동 식혜가 명절 때 기름진 음식을 먹고 소화를 돕는데 효과적이라고 적혀 있다. 천연 소화제 역할을 하는 것이다. 요즘에는 식혜를 마실 때 삭은 밥은 대강 짜내버리고 남은 음료만 마시지만 예전에는 식혜하면 물 반 건더기반이라 할 정도로 걸죽했다. 안동 식혜는 이런 옛날 식혜의 명맥을 살리고 있다. 안동 식혜를 맛본 사람들의 호불호는 명확하다. 매콤하고 개운해 좋아하는 사람이 있는가 하면 후식으로의 달달한 맛을 기대하는 사람들에게는 입에 맞지 않기도 한다. 한번쯤은 먹어볼 만한 독특한 안동의 전통음료다.

안동 식혜

달달한 보통 식혜와 달리 톡 쏘면서 알싸한 맛이 시원한 식혜다. 생강과 고춧가루가 들어가 칼칼한데다 계피가루가 섞인 맛이 묘하게 매력적이다. 매콤하고 개운한 맛을 좋아한다면 한번쯤 먹어볼 만한 안동의 전통 음료이다. 안동의 식당에서 후식으로 주는 경우도 많다.

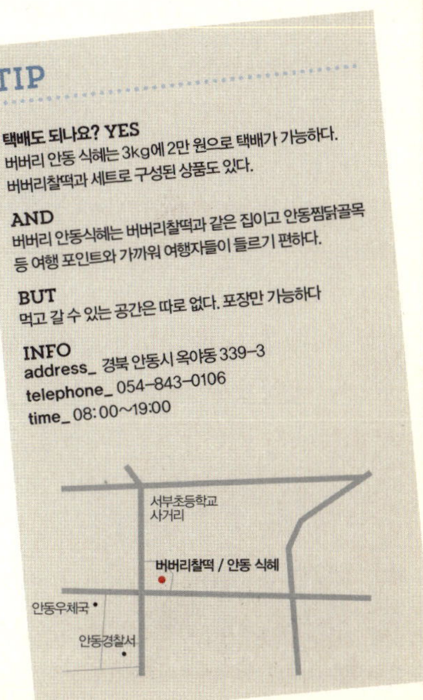

흥건한 팥이 찐빵에 흘러넘치는
진주_수복빵집

● 겉에서 보기에도 영락없는 옛날 동네 찐빵집. 그러나 1948년에 문을 열어 진주에서 나고 자란 아지매, 아저씨들은 모르는 이가 없다는 진주의 이름난 빵집이다. 학교 오가며 들렀다던 추억의 빵집은 웬일인지 먹을 것 많은 요즘 아이들에게도 최고의 인기를 누리고 있다. 진주의 명물, 수복빵집의 찐빵. 그 맛을 보러 진주까지 왔다. 우연히 사진으로 먼저 본 수복찐빵은 첫인상부터 강렬했다. 눈이 먼저 반해버린 찐빵. 인근 농수산물이 집산하는 진주 중앙시장 한 쪽에 이름마저 정겨운 수복빵집이 있다. 성급한 마음에 문에 드리워진 차양을 제치고 들어간다. 안으로 들어선 순간, 시간은 순식간에 30~40년 전으로 휘리릭 넘어간다. 처음 와보는 찐빵집이지만 지금의

모습이 그냥 옛 모습 그대로일 것 같다. 몇 개 없는 테이블을 채운 손님들의 연령대도 다양하다. 엄마와 함께 온 딸, 학생 때부터 단골이라는 아저씨 무리, 나이 지긋한 할매할배 부부. 그들의 입맛을 하나로 만족시키는 수복빵집의 메뉴는

수복빵집의 찐빵은 묽은
팥고물을 끼얹어 먹는 형태로
막강 비주얼을 자랑한다.

간단하다. 찐빵, 단팥죽, 팥빙수가 전부다. 모두 팥이 주재료가 되는 간식들이다.
찐빵부터 시켰다. 윤기가 좔좔 흐르는 고운 질감의 팥이 하얀 찐빵의 작고 둥그런 몸을
타고 흥건하게 흐른다. 침이 고이게 하는 묽은 팥고물을 빵에 끼얹어 팥으로 적신
찐빵을 입 안으로 직행시킨다. "아~ 그 맛이다!" 촌스럽지만 기교 없는 팥의 달달하고도
담백한 맛이다. 달지만 질리지 않는 단맛이다.
겉에 팥고물이 넘치도록 흐르고 있으니 안은 비어 있을 거라 예상했는데, 웬걸,
안에도 고운 팥이 들었다. 안으로 밖으로 팥이 흥건하니 너무 달 것 같지만 그렇지만도
않다. 입맛 당기는 추억의 팥맛이 입맛을 당긴다. 빵도 퍽퍽하지 않고 쫄깃쫄깃하다.
진주비빔밥을 한 그릇 배부르게 먹고 들렀지만 자꾸 빵 접시에 손이 간다.
어린 아이 주먹만 한 빵 6개가 1인분으로 3천 원이다. 한두 명이 출출할 때 간식으로
먹기에 적당한 양이다. 후식으로 먹는다면 1인당 1개 정도만 먹어도 흡족하다. 단 것,
먹을 것 흔한 요즘에도 입에 착착 붙는 맛인데 먹을 것 귀하던 시절에는 얼마나 달콤한
맛이었을까.

테이블 다섯 개가 전부인
수복빵집은 늘 문전성시를
이루지만 그날 준비한 빵이
다 팔리면 언제라도 일찍
문을 닫는다.

수복빵집에서 쓰는 팥은 모두 국산 팥이다. 국산 팥은 수입산에 비해 가격이 2~3배에서 4~5배까지 비싸다. 그러니 국산 팥을 고집하는 것이 말처럼 쉬운 일은 아니다. 팥도 매일 주인이 직접 쑨다. 주인 부부에게 찐빵은 생계수단이긴 하지만 돈 벌이로만 하는 장사는 아니기 때문에 적게 남기더라도 질 좋은 찐빵을 낸다. 추억과 그리움, 출출한 배까지도 요 찐빵 하나가 과하지 않게 채워준다.

주인 부부는 대단할 것도 없다는 듯 덤덤한 얼굴로 직접 찐빵을 만들고 또 판다. 손님이 줄을 서는 일이 태반이지만 늘 12시 정각에 문을 열고 그날 만든 빵이 다 팔리면 언제라도 그대로 문을 닫는다. 빵이 일찍 팔리면 오후 3~4시에도 문을 닫고 빵이 좀 천천히 팔릴 때는 6시까지 열려 있기도 하다. 반죽을 모두 직접 손으로 하니 어쩔 수 없는 일이다. 그날그날 주인 부부의 네 손이 할 수 있는 정도로만 찐빵을 만든다. 간혹 손님들은 주인이 까칠하다며 볼멘소리를 하지만 그렇다고 발길을 끊는 일은 없다. 찐빵 맛 하나만은 늘 여전하기 때문이다. 취재 역시 수월하진 않았다. 굳이 모르는 사람들에게 빵집을 소문 낼 의사도, 빵을 많이 팔 생각도 없는 주인 부부에게 빵집의 역사나 만드는 방법을 세세하게 묻고 듣기는 어려운 일이다. 이 집의 역사는 몇 십

년 단골과 빵이 다 팔렸을까봐 학교 파하자마자 빵집으로 달려온다는 한 학생, 마실
다니듯 빵집에 들락거리는 동네 어른과 이야기를 나누며 들어야 했다. 그러고 보니
맛집 취재란 주인이 아니라 단골손님들과 하는 것이 제대로 된 것이 아닐까 하는 생각이
든다. 손님이 먼저 인정하고 수긍하는 그 집의 맛과 역사가 진짜가 아닐까. 무슨 재료를
쓰는지는 일일이 다 몰라도 그저 믿고 먹을 수 있고, 어른부터 아이까지 두루 찾는
간식이라면 그것으로 족한 것이 아닐까.
결론은 멀리서 간 노력이 무색하지 않다는 것이다. 주인이 다소 무뚝뚝하고 취재에
응하지 않았다 해도 수복찐빵은 이제 나만의 간식리스트에 이름을 올린다.

수복찐빵

국산 팥을 고집해서 달달하지만 질리지 않는
담백한 단맛이다. 겉에 팥고물을 끼얹어 한 입
베어 물면 안에도 고운 팥이 들어있다.
팥 좋아하는 사람이라면 실컷 먹을 수 있을
빵이다. 손으로 반죽해서인지 빵도 퍽퍽하지
않고 쫄깃하다. 6개 3,000원.

TIP

택배도 되나요? NO
줄을 서서 먹을 정도로 인기가 많은데다 찐빵이 떨어지면
문을 닫을 정도로 늘 물량이 모자라기 때문에 택배는 되지
않는다.

AND
여름에는 계피가 들어간 칼칼한 팥빙수(5,000원)와 함께
찐빵을 먹으면 궁합이 잘 맞는다. 겨울에는 단팥죽이 별미다.

BUT
무뚝뚝한 주인 내외에게서 친절한 서비스는 기대하기 어렵다.
수제찐빵이라 그날 만든 찐빵이 다 팔리면 시간과 상관없이
가게 문을 닫는다.

INFO
address_ 경남 진주시 평안동 151
telephone _ 055-741-0520
time_ 12:00~찐빵 다 팔릴 때까지

매콤한 중독, 마약떡볶이 삼총사

대구_윤옥연할매·궁전·황떡

● 얇고 긴 밀가루 떡에 국물이 찰랑거리는 검붉은 떡볶이. 매콤하고
자극적인 맛이지만 청양고추의 매운 맛과는 좀 다르다. 입맛을 다시게 하는 묘한
맛. 국물 색깔도 빨갛다기보다는 검붉은 빛을 띤다. 후춧가루가 들어간 것 같기도
하고 카레가루를 넣은 것도 같은 독특한 맛이다. 흔하디흔한 떡볶이집이건만 유독
대구떡볶이를 마약떡볶이라고 부르는 것에는 이유가 있다. 일단 먹어보면 그 이유를
언뜻 짐작할 수 있고 시간이 지나면서 더 확실해진다.
대구 시내 곳곳에서 황떡, 황제떡볶이, 신천떡볶이, 신전떡볶이, 윤옥연할매떡볶이,
원조할매떡볶이, 신천할매떡볶이 등 떡볶이 간판을 자주 보게 된다. 대구는 원조와
아류를 넘나드는 '떡볶이의 천국'이다. 더구나 국물이 찰랑이는 자태를 보는 순간
발걸음을 절로 멈추게 된다. 유독 떡볶이를 좋아하는 내 눈엔 그 간판들이 예사로
보이지 않는다. 고수는 고수를 알아본다고 초등학교 시절부터 밥보다 떡볶이를 더 많이
먹은 나로서는 한눈에 대구 떡볶이가 보통 떡볶이가 아님을 알아차렸다.
7~8년 전 대구 출장길에 '마약떡볶이'의 소문을 듣고 신천시장 깊숙한 곳까지 찾아간

1976년에 문을 연 윤옥연할매 떡볶이집. 떡볶이 양념의 비밀은 며느리도 모르지만 떡볶이 육수로 삭힌 생선 육수를 쓴다고 알려져있다.

적이 있었다. 대구 토박이의 안내를 받으며 처음 맛 본 마약떡볶이는 먹자마자 속이 아린 강렬한 매운 맛이었다. 떡볶이에 박힌 까만 점들 때문에 한 눈에도 후춧가루를 잔뜩 넣어 만든 떡볶이라는 것을 알 수 있었는데 그래서인지 국물색도 진하고 탁한 주황빛이었다. 그 위에 다시 떡볶이양념으로 쓰는 듯한 다대기 같은 것을 한 숟가락 더 얹어주는데 그 다대기를 국물에 풀면 가뜩이나 걸쭉한 국물의 매운 맛이 더 강해진다. 곁들여 주문한 튀김오뎅과 튀김만두 없이는 떡볶이를 다 못 먹을 정도로 소스의 맛이 강했다. 떡볶이를 보통 이상으로 좋아하는 나지만 맛있다기보다는 처음 먹어보는 희한한 맛으로 밖에는 느낄 수 없었다.

그 때 신천시장 할매떡볶이를 소개해 준 대구토박이는 "외지 사람들은 한 번 먹어서 이 맛을 잘 몰라. 서울 사람들은 속만 쓰리지 무슨 맛으로 먹는지 모르겠다고 하지만 이게 집에 가면 자꾸 생각나는 맛이거든." 이라며 호언장담했다. 그런데 정말 서울에 돌아오자 가끔 요상하게 그 맛이 생각나고는 하는 것이다. '그래서 마약떡볶이인가? 먹을 땐 몰라도 돌아서면 자꾸 생각나는 맛!'

맛이 순한 편인 궁전떡볶이.
떡볶이에 카레향이
배어있는데 여행자보다는
지역민들의 단골 가게다.

대구 마약떡볶이의 원조인 신천시장 할매떡볶이는
1976년에 문을 열었고 지금은 신천시장의 재개발때문에
근처로 옮기며 이름도 윤옥연할매떡볶이로 바꿨다.
그러면서 분점도 몇 곳 생겼는데 할머니가 일선에서
물러나며 맛도 좀 달라졌다는 후문이 있기는 하다.
그래도 원조인 윤옥연할매떡볶이의 맛은 여전히 대구
사람들에게 인기다. 다대기에는 고춧가루, 후춧가루,
쌀가루 등 12가지의 재료가 들어가는데 양념의 비법은 그야말로 며느리도 모른다고.
떡볶이 육수로 삭힌 생선 육수를 쓴다고 해서 더 유명하다.
신천시장 끄트머리에서 20년 넘게 자리를 지키고 있는 궁전떡볶이도 이런 대구 특유의
마약떡볶이와 맥락을 같이 한다. 윤옥연할매떡볶이와는 또 다른 맛이다. 맛이 한결
부드럽고 순하다. 한층 세련된 맛으로 입맛을 당긴다. 떡볶이 맛에 카레향이 은근히
배어있는데 후춧가루는 넣지 않는단다.
대구마약떡볶이 삼총사 중 궁전떡볶이 맛이 가장 순한 편이다. 먹고 나서도 속이
아리지 않다. 변함없는 맛을 선보이는 궁전떡볶이는 여행객인 뜨내기 손님보다는
지역민들 단골이 더 많다. 궁전떡볶이는 장사가 잘됨에도 분점을 내지 않는다.
궁전떡볶이 고유의 맛을 유지하기 위해서 앞으로도 분점 없이 주인 부부의 손길로만
떡볶이를 만들 계획이란다.
'황떡'이라는 후발 주자도 대구마약떡볶이의 대표 브랜드 중 하나다. 맛은
윤옥연할매떡볶이와 궁전떡볶이의 스타일을 반쯤 섞어 놓은 듯하면서 두 떡볶이보다
조금 더 매콤하다. 분점이 20여 군데나 있고 홈페이지에서 계속 프랜차이즈를 모집하고
있다. 대구에서는 가장 큰 떡볶이 업체다. 떡볶이 맛은 조금씩 다르고 먹는 사람의 입맛에
따라서도 차이가 있겠지만 세 집 모두 늘 사람들로 붐비는 건 마찬가지다.

마약떡볶이를 먹으며 빼 놓을 수 없는 것이 바로 쿨피스다. 떡볶이의 매운 맛을 잠재우고 입 안을 시원하게 하는 쿨피스는 매콤한 마약떡볶이와는 뗄 수 없는 '절친'이다. 또 하나, 대구마약떡볶이와 환상의 궁합을 자랑하는 것이 있는데 바로 튀김오뎅과 튀김만두다. 오뎅을 기름에 튀겨낸 튀김오뎅은 고소한 맛과 쫄깃한 식감이 더해져 마약떡볶이와 쌍벽을 이루는 명물이다. 튀김만두도 얼핏 시판 냉동만두처럼 생겼지만 속은 좀 다르다. 속에는 고기 대신 납작만두처럼 당면만 들어간다. 보통은 바짝 튀겨낸 오뎅과 만두를 떡볶이국물에 찍어 먹거나 너무 매울 때 따로 먹으면서 입 안의 매운 기를 달랜다. 마약떡볶이를 먹으며 또 한 번 놀라게 되는 건 바로 그 가격이다. 둘이 먹어도 괜찮을 정도의 떡볶이 한 그릇이 단돈 천원이다. 오뎅과 만두도 각각 천원. 황떡의 떡볶이값은 1,500원이지만 궁전떡볶이와 윤옥연할매떡볶이는 여전히 '천원'의 떡볶이 값을 고수한다.

궁전떡볶이의 단골들은 흔히 "천천천!"을 외치곤 하는데, 각각 천 원씩인 떡볶이 한 접시, 튀김오뎅 한 접시, 튀김만두 한 접시라는 뜻이다. '천천천'은 여자 둘이 먹기에

분점이 20여 곳이나 있는 황떡. 대구에서는 가장 큰 프랜차이즈 업체다.

충분한 양이다. 처음 온 티를 내고 싶지 않으면 일단 '천천천'을 외치면 된다. 마약떡볶이는 현장에서는 그 중독 증상을 실감하지 못한다. 집에 돌아와서 문득 '천천천'을 외치고 싶을 때가 있는데 비로소 중독성 강한 마약떡볶이를 제대로 실감하는 때다. 대구에서 이렇게 자극적인 떡볶이가 사랑받는 건 대구의 화끈한 날씨 때문이라는 이야기가 있다. 한여름 날씨가 너무 푹푹 찌기 때문에 그 더위를 잊을 수 있는 뭔가 자극적인 맛이 필요하다는 것이다. 대구의 매콤한 이열치열이다.

TIP

택배도 되나요? YES
대구마약떡볶이는 대부분 택배가 된다. 보통 기본 1만원부터이며 추가로 튀김오뎅과 튀김만두를 주문할 시에는 각 5,000원 이상부터 가능하다. 떡볶이는 떡볶이양념과 육수, 떡을 따로 포장해 주고 오뎅과 만두는 집에서 바로 튀겨 먹을 수 있게 보내준다. 떡볶이집부터 택배회사까지는 퀵배달로, 지방간 이동은 택배를 이용하므로 떡볶이 값을 제외한 배송비만 약 1만원~1만5천 원 정도가 든다. 1인분에 1000원 하는 떡볶이의 몇 배가 넘는 택배비를 내고서라도 떡볶이를 배달시켜 먹고 싶을 때가 있는데, 대구마약떡볶이에 중독된 사람이라면 무리도 아니다.

AND
사람이 많을 땐 줄을 서기도 하지만 여분의 떡을 옆에서 계속 삶기 때문에 그리 오래 기다리지는 않는다. 싸가는 사람도 많고 테이블이 많은데다 회전율이 빨라서 자리를 잡기도 그리 어렵지 않다.

BUT
맛이 다소 자극적이기 때문에 배가 많이 고플 때 빈속에 먹으면 속이 쓰릴 수도 있다. 식사와 식사 사이에 간식으로 먹는 게 속이 편하다.

INFO

윤옥연할매떡볶이
address_ 대구시 동구 신천3동 788-3
telephone _ 053-756-7579, 7597
time_ 10:00~21:00 (매주 일요일 휴무)

궁전떡볶이
address_ 대구시 수성구 범어3동 1003-18
telephone _ 053-756-7573
053-741-4158
time_ 11:00~21:30 (매주 화요일 휴무)

황떡
address_ 대구시 중구
동인동 4가 315-9
telephone _ 053-741-3261,
www.hwangdduk.com
time_ 11:00~21:30
(매주 일요일 휴무)

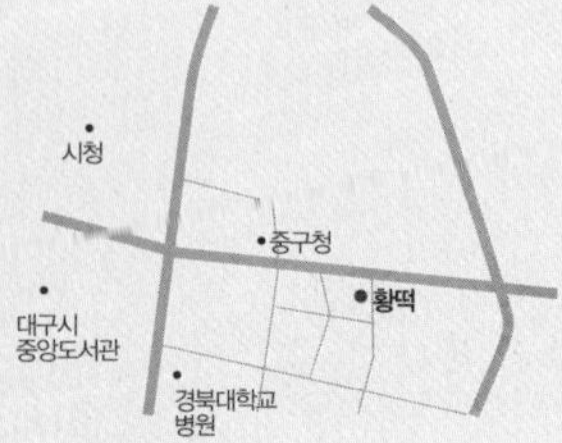

윤옥연할매떡볶이

대구마약떡볶이의 원조 격이다. 후추맛이 강하게 나고, 강한 양념의 떡볶이 위에 폭탄처럼 다대기를 한 숟가락 더 올려주는 것이 특징이다. 원조라는 유명세 덕분에 여행자들도 많이 찾는다. 가게는 더 커졌지만 할매는 현재 은퇴하고 없다.
떡볶이 1인분 1,000원/ 튀김오뎅 5개 1,000원/ 튀김만두 5개 1,000원
팥빙수 3,000원/ 순대 2,500원

황떡

떡볶이 국물에서 알듯 모를 듯 은은하게 카레 맛이 난다. 대구 시내에 10여 개가 넘는 분점이 있어 어디서든 쉽게 맛볼 수 있다. 떡볶이는 순한맛, 중간매운맛, 가장매운맛 등 세 가지로 구분되어 있어 선택할 수 있다. 떡볶이 1인분 1,500원/ 튀김오뎅 7개 1,000원 튀김만두 10개 1,500원/ 잡채말이 3개 1,000원 달걀 3개 1,000원/ 찰순대(소) 2,500원/ 김밥 1줄 1,500원

궁전떡볶이

카레 맛이 적당히 나는 쫄깃한 맛으로 중독성이 강하다. 소스와 떡을 따로 끓이다가 익은 떡을 떡볶이 국물에 넣어 만들기 때문에 떡이 퍼지지 않는다. 떡볶이 1인분 1,000원 튀김오뎅 7개 1,000원/ 튀김만두 10개 1,000원 달걀 3개 1,000원

담백하게 구운 고로케와 마약빵
대구_삼송베이커리

● 고로케는 보통 튀겨낸다. 그래서 먹다보면 빵에서 기름이 배어 나오고 좀
느끼하기 마련이다. 고로케를 아주 좋아하는 사람이 아니라면 한 번에 한 개 이상 먹기
어렵다. 일본 선술집에서 생맥주나 사케 안주로 고로케를 먹는 것도 그 느끼한 맛이
자꾸 술을 부르기 때문이리라.
그런데 구운 고로케라면 어떨까. 기름에 튀기지 않고 오븐에 구운 고로케라면 얘기가
달라진다. 대구 동성로 끄트머리에 있는 50년 넘은 빵집, 삼송베이커리에선 구운
고로케를 판다. 구운 고로케는 튀긴 고로케보다 담백하고 깔끔하다. 식은 후에 먹어도
별로 느끼하지 않다. 대구 토박이에게 물어본 대구의 유명 간식 목록에도 그 이름을
당당히 올린다.

동성로라는 좋은 몫 때문일까. 아니면 구운
고로케라는 흔치 않은 품목의 빵을 팔기 때문일까.
앉아서 먹는 테이블도 없는 작은 빵집이 밤늦게까지
사람들로 붐빈다. 빵집에 드나드는 연령층도

50년 넘은 삼송베이커리의
대표 주자는 구운 고로케다.
작은 빵집은 밤늦게까지
쉴 새 없이 사람들로 붐빈다.

다양하다. 50년이 다 됐으니 단골도 숱하고 동성로에서 놀던 청춘남녀의 발길도 잦다.

9시가 넘어 빵집에 들렀는데 아직도 따뜻한 빵이 나온다. 늦은 저녁에도 새로 빵을 구울 만큼 빵을 사가는 퇴근 인파가 꽤 많다. 그래서 이곳에선 이른 아침부터 저녁까지 빵을 수시로 구워낸다. 따뜻한 빵을 맛보는 것도 삼송베이커리에선 드문 일이 아니다.

동성로의 번화한 거리 분위기도 한몫 한다. 빵 종류가 몇 개 없으니 손님들은 빵을 고르느라 고민할 필요도 별로 없다. 순식간에 빵 봉투를 채우고 총총히 사라진다. 오가는 손님은 많고 일손은 달리니 주인과 몇 마디 나누기도 쉽지 않다. 그래도 주인의 자부심만은 지치지 않는다.

1957년부터 빵집을 시작해 현재까지 이어온 여주인은 남편과 함께 평생을 지켜온 빵집이 자랑스럽다. 부부의 반평생이 고물과 함께 빵에 고스란히 묻어있다. 뚝심의 세월을 일궈오며 이제는 빵맛과 손맛을 인정받아 텔레비전 프로그램 '생활의 달인'에도 출연했다.

삼송베이커리는 단출하다. 빵집 간판만 고쳐 달았을 뿐 옛날 모습 그대로란다. 세련된 인테리어나 다양한 종류의 빵이 있는 것도 아니다. 기껏해야 5~6종으로 모두 주력상품이다. 그 중에서도 구운 고로케는 그 명성답게 꾸준한 인기를 끌고 치즈 빵이나 소보로 팥빵도 매대에 올려놓자마자 금세

팔린다. 소보로 가루를 묻힌 찹쌀떡도 별미다. 많이
달지 않고 쫀득하면서도 부드럽다.
삼송베이커리에는 마약떡볶이처럼 마약빵도 있다.
뭐든 이름붙이기는 주인 마음이지만 '대체 얼마나 맛있길래' 하며 마약빵을 집어들었다.
겉에 소보로를 묻힌 옥수수 빵으로 안에는 옥수수와 야채가 들어있다. 솔직히 그냥
옛날 시골빵맛이라고 느꼈을 뿐 마약빵이라 불릴 만큼 독특하게 끌리는 맛은 찾지
못했지만 늘 옛 맛을 그리워하는 사람들은 있게 마련이다. 삼송베이커리를 유명하게
만든 장본인도 바로 이 마약빵이다. 여름에는 안에 넣은 옥수수가 쉽게 상할 수 있으니
되도록 빨리 먹는 것이 좋다.

구운 고로케

튀긴 고로케보다 담백하고 깔끔하다. 식어도
느끼하지 않아서 좋다. 겉은 바삭하고 속은
야채가 가득 들어있어서 식사 대용으로도
손색없다. 1개 1,400원.

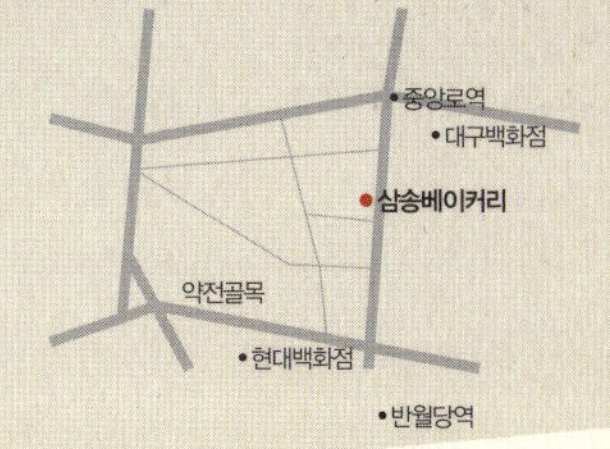

속은 비었어도 허한 마음 꽉 채워주는 만두

대구_미성당 납작만두

미성당? 처음엔 빵집 이름인 줄 알았다. 그러나 대구 사람이라면 다 아는 '납작만두'를 파는 분식집 이름이다. 잘 되는 집엔 분명 손님을 끄는 매력이 있다. 별로 친절하진 않지만 수많은 사람들의 발길을, 그것도 여행객까지 끌어들이는 매력은 무엇일까. 미성당 문을 열고 들어가면 두세 명의 아주머니가 힐끗 쳐다볼 뿐 주문 받을 생각조차 하지 않는 것 같다. 미성당에서 주문은 먹고 싶은 사람이 하는 거다. 사실 대구 사람들에겐 그다지 거슬리지도 않는 일이다.

납작만두와 쫄면을 주문한다. 먼저 대구토박이가 하는 것을 물끄러미 지켜본다. 납작만두에 좀 많다 싶을 정도로 고춧가루와 파를 올린 다음 약간의 간장을 흩뿌린다. 속이 들었나 싶을 정도로 납작한 만두 위에 이렇게 심플한 고명을 올린다. 그리곤 돌돌 말아 한 입에 쏙. 납작만두를 먹는 방법이다. 납작만두는 이렇게 먹어야 제 맛이다. 타지인들은 간장종지에 간장을 담아 고춧가루와 파를 뿌린 후 납작만두를 접어 간장에 찍어 먹을 테지만 그렇게 먹으면 맛이 덜한 느낌이다.

납작만두를 반쯤 먹고 있으니 쫄면이 나온다. 이번엔 아직 고명 작업을 하지 않은 납작만두 위에 고추장 넣고 잘 비빈 쫄면을 얹어 돌돌 싸먹는다. 납작만두가 갑자기 풍성해진다. 쫄면은 새콤달달하다. 새콤하고 달달한 것을 좋아한다면 납작만두에 쫄면을 싸 먹고 매콤짭짤한 것을 좋아한다면 고춧가루 간장 고명을 올려 먹으면 된다.

지금은 한풀 꺾였지만 한때는 인근
주민들이 미성당 덕에 먹고 살았다는 말이
있을 정도로 미성당 납작만두가 번성한
적이 있었다. 주변 대구 사람들이 모두
납작만두를 빚는 아르바이트를 할 정도로
일손이 많이 필요했다. 속도 별로 안 찬
납작한 밀가루 만두가 왜 그토록 인기 있었는지 도통 모를 일이지만 대구하면 아직도
'미성당'을 떠올리고, 가게는 북적거리는 것을 보면 옛 명성은 식지 않은 듯하다.

납작만두

얇은 밀가루 피에 당면이 약간 든 납작한 만두. 만두
하나만 먹기엔 왠지 2퍼센트 부족한 맛이 납작만두의
매력이다. 갖은 재료에 다양한 감칠맛을 내는 요즘의
음식들에 비교하면 수수해도 한참 수수한 맛이다.
그 맛이 하도 단순
소박해서 복잡한 세상,
다양한 음식문화 속에서
단순함을 지향하는, 나름
확고한 정체성을 가졌다.
1인분 3,000원

남포동 영화거리, 때 아닌 호떡전쟁

부산_씨앗호떡

그야말로 호떡집에 불났다. 오래된 극장들이 몰려 있는 부산 남포동 영화거리 BIFF, 문화거리라고도 불리는 이 거리에서는 종종 진풍경이 펼쳐진다. 옹기종기 모여 있는 리어카에 끝도 없이 늘어선 줄이 그것. 사람들을 헤치고 줄 안으로 파고들어 보니 다름 아닌 호떡집이다. 날 좋은 주말엔 일이십 분 기다리는 건 일도 아니다. 호떡이야 전국 어디서나 파는 흔한 간식인데 부산엘 가면 꼭 먹고 온다는 이 씨앗호떡의 정체는 과연 뭘까.

한여름 더위를 참아가며 10분 넘게 줄을 서 겨우 씨앗호떡 하나를 손에 들었다.

"바삭"하고 씹히는 첫 맛은 일단 감칠나다. 겉으로 보기에도 씨앗들이 잔뜩 튀어나와 있는 씨앗호떡은 기름에 호떡 반죽을 먼저 튀겨낸 다음 꺼내어 가위로 빵 안을 가르고 그 안을 각종 씨앗으로 가득 채워 손님에게 낸다. 해바라기씨를 기본으로 땅콩과 아몬드 등의 견과류를 으깬 씨앗 고명을 흑설탕과 섞어 호떡에 채워

씨앗호떡은 그
이름처럼 씨앗을 가득
넣은 호떡이다.
보통 호떡과 달리
기름에 튀기듯 익혀 내
부산의 명물 간식으로
자리 잡았다.

넣는데, 해바라기씨, 호박씨, 땅콩, 검정깨, 참깨 등 다양하다.

집집마다 혼합된 씨앗과 설탕의 배합이 약간씩 다르지만 이것저것 먹어본 결과 맛의 차이가 그리 크진 않다. 아무래도 누가 더 유명세를 탔는가가 호떡집의 인기를 좌우하는 것 같다. 남포동 최초의 씨앗호떡집은 **아저씨호떡**이다. 1987년부터 호떡 장사를 시작해 25년이나 됐다. 서울에도 이 호떡을 먹을 수 있는 곳이 3곳이나 있다. 홍대 앞과 혜화동 1번 출구, 삼청동 까페 용 등에서 아저씨호떡을 먹을 수 있다. 전국으로 택배서비스까지 한단다. 케이블 채널 맛집투어 프로그램인 '식신로드'에도 출연했다. 호떡 하나로 돈도 벌고 명성도 얻은 셈이다. 호떡 하나쯤이 아니라 호떡 하나라도 잘 만 만드니 남부럽지 않은 장사가 됐다. 주인을 빼고도 호떡리어카에서 일하는 청년만 서너 명이다. 늘 줄이 길다보니 사람들 줄 세우며 돈을 받는 사람까지 따로 두고 있다.

그 바로 옆에는 **승기씨앗호떡집**이 있다. KBS 예능프로그램인 '1박2일'에서 이승기가 이집 호떡을 사 먹으면서 유명해졌다. 원래는 무슨 이름이었는지 모르나 이름까지 승기호떡으로 바꿨다. '1박2일'의 인기를 업고 이 집도 늘 문전성시다. 호떡의 모양이나 만드는 방법은 아저씨호떡과 대동소이하다. 사람들은 주로 이 두집 중 줄이 짧거나, 혹은 얼핏 봐서 더 맛있을 것 같은 리어카 쪽으로 줄을 선다.

아저씨호떡과 승기호떡, 이 두 집에 대부분의 사람들이 몰리지만 그 밑으로도 몇 개의 호떡 리어카들이 더 있다. 하지만 다른 분식과 함께 팔거나 안에 든 씨앗이 다채롭지 않은 등의 이유로 사람들이 줄을 서지는 않는다.

호떡은 역시 사자마자 바로 먹는 것이 가장 맛있다. 시간이 지나면 반죽이 식으면서 바삭했던 식감이 약간 딱딱하게 변할 뿐더러 안에 든 씨앗도 따뜻할 때 먹어야 설탕과 잘 어우러져 제대로 그 맛을 즐길 수 있다.

이제 씨앗호떡은 남포동 영화거리의 명물이 됐다. 씨앗호떡 주변으로 닭꼬치, 떡꼬치, 떡볶이 등 다양한 간식을 팔지만 씨앗호떡에는 다소 밀리는 분위기다. 영화 보기 전, 사람들이 상영시간을 기다리며 호떡을 먹거나 여행자들이 일부러 들러 호떡을 사 먹는 풍경은 이제 이 거리의 일상이 됐다. 거리를 걸어다니며 먹을 수 있으니 혼자라도

남포동 영화거리의 여러 호떡집 중 아저씨호떡집과 더불어
승기씨앗호떡집 앞에 대부분의 사람들이 몰려 줄을 서 있다.

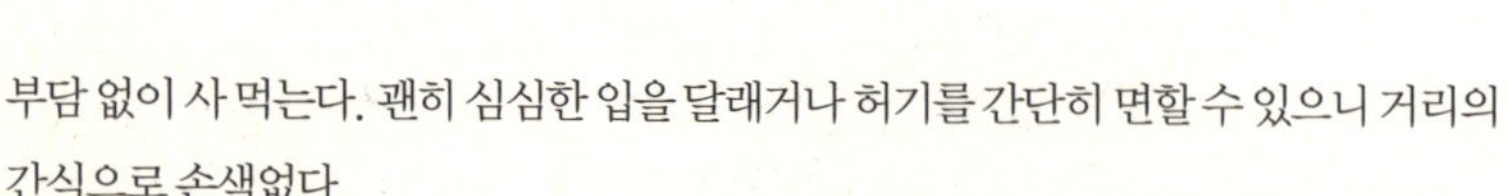

영화를 보기 전에
상영 시간을 기다리며
호떡을 먹거나
여행자들이 일부러
들러 호떡을 사먹는
풍경은 이제 남포동
영화거리의
일상이 됐다.

부담 없이 사 먹는다. 괜히 심심한 입을 달래거나 허기를 간단히 면할 수 있으니 거리의
간식으로 손색없다.

호떡은 우리에게도 흔한 간식이지만 외국 여행자들에게도 인기다. 달달한 팬케이크와
비슷해서 외국인의 입맛에도 맞는 글로벌한 간식이다. 씨앗을 가득 넣었으니 건강에도
좋을 것 같은 느낌이고 단돈 천원으로 거리에서 쉽게 사 먹을 수 있으니 부산을 찾는
외국인들이 좋아할 만하다. 외국인들이 씨앗호떡에 환호하는 모습을 보니 그 흔한
호떡도 다시 보게 된다.

씨앗호떡

씨앗호떡은 호떡 반죽을 기름에 튀기듯 익힌
후에 가위로 빵 안을 갈라 그안에 해바라기
씨, 땅콩, 아몬드 등의 견과류를 흑설탕과
섞어 채워주는 것이다. 뜨거울 때 먹으면
달달한 설탕맛과 고소한 견과류 맛, 바삭한
튀김 맛이 어우러져 남녀노소 누구나
좋아할만한 맛이 완성된다.

TIP

택배도 되나요? YES OR NO
아저씨호떡집에서는 때에 따라 일정량 이상이라면 반죽과 씨앗을 따로 택배로 부쳐주기도 해서 집에서 구워먹을
수 있다. 전화로 미리 확인해야 한다. 아저씨 호떡 010-2558-4064

AND
같은 거리에서 파는 씨앗호떡에도 상중하가 있다. 여러 가지 씨앗을 고루 섞어주는 집도 있지만 해바라기씨만
넣어주는 집도 있으니 잘 살펴보고 골라 먹자.

BUT
아저씨호떡과 승기호떡의 맛과 모양은 거의
흡사하다. 별 차이 없으니 줄이 짧은 쪽에서 사먹으면 된다.
노점이기 때문에 늘 같은 자리는 아니고 평일에는 자리를
약간씩 이동하기도 하니 잘 살펴보자.

INFO
address_ 부산시 중구 부평동 2가(남포동)
telephone _010-2558-4064(아저씨 호떡)
time_ 11:00~23:00

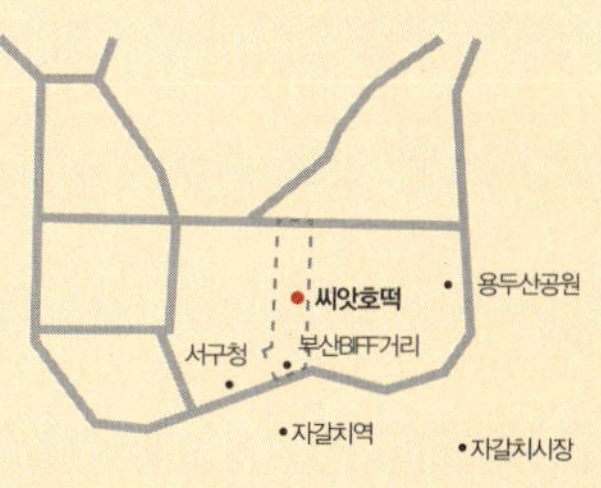

남포동 길거리 음식 투어

부산 _ 비빔당면
옛날팥빙수
오징어무침+전

'경상도는 먹을거리가 박하다'는 편견을 쉽게 깨 버리는 곳이 부산이다. 거리에 넘쳐나는 간식거리와 맛집들이 하루가 세 끼 뿐인 것을 못내 아쉽게 만든다. 하루 열 끼라도 먹어 치우고 싶은 기분이 되는 것도 과장은 아니다. 특히 남포동은 골목마다 길거리 음식 천지다. 그러니 입에 맞는 간식이 보인다고 해서 함부로 배를 채울 일이 아니다. 무엇을 먹든 완전히 배를 채우지 않는다는 것이 부산의 골목길을 탐험하는 자의 철칙이다. 어디에서 불쑥 눈과 코를 사로잡을 새로운 먹을거리가 나타날지 모르기 때문이다. 지나는 곳이 국제시장이라면 더더욱 그렇다. 먹을거리에서 부산 골목의 활력을 느낄 수 있다.

부산에서도 남포동 국제시장만큼 길거리 음식이 넘쳐나는 곳도 드물다. 길거리 음식에도 계통은 있다. 면이면 면, 빙수면 빙수, 전이면 전, 떡볶이면 떡볶이, 짧지만

남포동은 골목골목이 길거리 음식 천지다. 특히 국제시장에서 다양한 부산 간식들을 탐험해 볼 수 있다.

종목마다 나름의 거리를 형성하고 있다. 많게는 열 집에서 적게는 대여섯 집까지 남포동 아리랑거리에는 같은 종류의 먹을거리를 파는 리어카가 줄맞춰 늘어서 있다. 먹을거리 골목들은 몇 걸음만 걸어가면 서로 연결되어 있어 찾기도 쉽다. 한두 명, 두세 명의 친구와 함께라면 조금씩 맛보며 다니는 재미를 제대로 누릴 수 있다.

먹자골목이 시작되는 입구인 국제시장 근처의 아리랑 거리 초입, 비빔당면 골목으로 들어간다. 비빔당면은 삶은 당면에 시금치, 단무지, 당근, 양파 등 약간의 야채와 김가루와 고추장 양념을 올리고 참기름을 더해 비벼 먹는 부산만의 길거리 간식이다. 비빔당면집은 열 개 정도가 일렬로 늘어서 있는데 대부분 충무김밥이나 잔치국수도 같이 판다. 비빔당면에 올라가는 고명이나 고추장양념은 주인장 솜씨에 따라 집집마다 조금씩 다르지만 맛은 대동소이하다. 비빔당면은 살짝 매콤한 맛이 특징인데 겉으로

남포동 먹을거리 골목들은 친구들과
부산 간식을 조금씩 맛보는
'간식 투어'하기에 제격인 재미있는 곳이다.

보기엔 별 맛 없을 것 같아도 쫄깃한 식감이나 입에 감기는 양념에 감칠맛이 있다.
당면은 쫄면처럼 질기지 않고 입에서 툭툭 끊겨서 입을 지나자마자 목구멍으로 후루룩
넘어간다. 골목의 가게들을 눈으로 훑으며 고명이 많이 올려졌거나 양념이 맛깔스러워
보이는 가게에 자리를 잡고 잠시 앉아 후루룩 먹는 것이다. 목욕탕 의자에 쪼그려 앉아
모르는 이들과 섞여 먹는 비빔당면 한 그릇은 어떤 이에겐 별 볼일 없는 음식이어도 타
지방 사람들에겐 꽤나 재미있는 음식이다.
당면거리 끝에서 우회전해 걷다보면 곧 투박하지만 정겨운 옛날 팥빙수 거리가
나타난다. 팥빙수 거리라고 해봤자 30년 전에나 봤음직한 옛날 팥빙수 기계를 얹은
6~7개의 리어카 장사가 전부지만 이 자리에 팥빙수 리어카들이 들어선 것도 족히
30~40년은 된 일이다. 선대의 장사를 물려받아 하는 가게가 있을 정도로 세월의
흔적이 느껴진다. 팥을 주 재료로 해 한여름에는 팥빙수만 팔고 그외 계절엔 팥빙수와
단팥죽을 같이 판다. 팥맛이 가장 중요해서 팥을 직접 쑤는 집도 많다.
어릴 적 학교 마치고 집으로 돌아오며 노점상에서 먹던 그 추억의 맛을 다시 기억나게

하는 팥빙수들은 팥과 얼음, 우유, 연유, 떡, 과일통조림이 들어간 소박하고도 간결한
빙수다. 얼음도 손으로 기계를 돌려서 큰 얼음을 깎는 옛 방식을 고수한다. 요즘
프랜차이즈 카페에서 선보이는 화려하고 요란한 팥빙수와는 모양도 맛도 가격도
천양지차다. 현란한 맛에 익숙했던 혀가 한순간 순박했던 그 시절로 돌아가는
느낌이랄까. 그래서 맛있냐고 물어보면 덤덤히 추억의 맛이라고 대답하고 싶다.
"비빔밥처럼 너무 비벼버리지 말아요. 그냥 대충만 섞어서 떠먹어요. 그렇게
비벼버리면 얼음이 다 녹잖아."
늘 하던 대로 고명과 얼음을 숟가락으로 뭉개며 비비고 있자니 주인아주머니가 말린다.
그리고 보니 얼음이 금세 녹아버린다. 요즘 유행하는 눈꽃빙수라고 해도 좋을 만큼
갈아놓은 얼음이 여리고 부드럽다. 이런 팥빙수는 옆에서부터 살살 떠먹어야 제 맛이다.
숟가락으로 퍽퍽 눌러 비볐다간 곱게 갈린 얼음 조각이 금방 녹아버려 물이 되기
일쑤다.
한여름 팥빙수 한 그릇을 게 눈 감추듯 먹어치우고 나서 얼얼해진 속으로 왼쪽으로

길도 좁고 복잡해서 의자도 없지만 서서 한입 먹고 가는 것이
길거리 음식 투어의 진짜 재미다.

코너를 돌면 떡볶이와 군만두, 전, 오징어무침 등을 파는 분식노점상이 길 한가운데
쭉 늘어서 있다. 괜히 먹자골목이 아니다. "먹자! 먹자!" 누군가 노래라도 부르는 듯
먹을거리가 끊이지 않는다. 리어카마다 번호가 붙어있는 분식노점 양 옆은 대부분
옷가게들이다. 이곳에 오는 사람들의 1차 목적은 쇼핑이고 길거리음식은 덤이다. 분식
노점에는 부산 특유의 커다란 가래떡 떡볶이는 기본이고 군만두와 순대도 빠지지
않는다.

기름을 흥건히 두른 철판에서 지진 야채전과 오징어무침도 판다. 싱싱한 오징어를
채쳐서 매콤하게 무쳐낸 오징어무침과 방금 지진 고소한 전과 함께 먹으면
찰떡궁합이다. 오징어무침이 전의 느끼함을 달래주고 전의 고소함이 오징어무침의
매운 맛을 누른다. 언뜻 막걸리 한 잔 해야 할 것 같은 음식이지만 사람들은 이 거리에선
다만 오뎅국물을 곁들이는 것에 만족한다. 길이 좁고 복잡하니 의자도 딱히 없다. 그냥
서서 얼른 몇 입 가득 채우고 가는 식이다.

이렇게 길에 서서 전과 오징어무침까지 먹고 나면 남포동 간식투어가 일단락된다.
먹을거리, 구경거리가 넘치는 이 거리에서 부산의 진수를 느껴 볼 일이다.

비빔당면

삶은 당면에 시금치, 단무지, 당근, 양파 등
약간의 야채와 김가루와 고추장 양념을
올리고 참기름을 더해 비벼먹는 부산만의
길거리 간식이다. 살짝 매콤하지만 당면은
쫄깃하고 양념은 감칠맛 난다.

옛날 팥빙수

30~40년의 전통을 자랑하는 옛날 팥빙수. 팥과
얼음, 우유, 연유, 떡, 과일 통조림이 들어간
소박한 빙수로 얼음을 직접 갈아서 만든다.
옛날에 먹던 간결한 빙수 맛이다.

오징어무침

싱싱한 오징어를 채쳐서 매콤하게 무쳐냈다.
역시 방금 지진 고소한 전과 함께 먹으면 한 끼
식사로도 그만이다.

TIP

택배도 되나요? NO
길거리 음식은 역시 거리에서 승부를 봐야한다. 맛으로도
먹지만 분위기로도 먹기 때문에 집에 가져 와서 먹으면
길에서 먹던 그 맛이 아닐 때가 많다. 현장에서 포장해 오는 것
정도는 괜찮지만 택배가 될 만한 간식들은 아니다.

AND
주변이 온통 옷가게와 액세서리가게, 신발가게 등이 넘치는
쇼핑의 거리다. 쇼핑도 하고 길거리 음식도 함께 즐길 수
있는데 그 모습이 마치 서울의 명동이나 동대문 시장을
축소해 놓은 것 같다.

BUT
한 가지 음식을 너무 많이 먹지 말 것. 다양한 간식을 맛보기
위해선 조금씩 여러 종류를 먹는 것이 좋고 그러기 위해선
혼자보다 동행이 있는 것이 더 재미있다.

INFO
address_ 부산시 남포동 아리랑거리

time_ 10:00~22:00 (떡볶이 노점 등은 밤늦게까지
쇼핑거리와 함께 불을 밝힌다)

옛날 빵맛을 아시나요?

부산_B&C 베이커리

"부산에 맛있는 빵집 있어요?"

부산 토박이들에게 이렇게 물으면 돌아오는 대답은 비슷하다. "비앤씨! 옵스?" 둘 중 하나다. 비앤씨는 1983년에 생겼다. 요즘 성황을 누리는 다른 지역의 오래된 빵집들에 비하면 좀 적은 구력이지만 그래도 부산에서는 꽤 알아준다. 비앤씨의 직원이었던 현재의 사장이 7년 전 인수해 오늘에 이르고 있는데 그 후 부산, 양산 등에 6개의 직영점이 더 생겼다. BnC라는 이름은 'Bread&Cake'의 준말이다. 서울로 치면 명동과 분위기가 흡사한 부산 남포동 번화가에 위치해 있어 늘 사람들로 붐빈다. 비앤씨 베이커리에 들어서면 무엇보다 불현듯 추억을 불러오는 옛날식 케이크가 눈에

띈다. 빵집 한 켠 긴 유리 진열대 안을 가득 채우고 있는 옛날 케이크들을 보니 어린 날의 생일파티가 떠오른다. 케이크야말로 생일날의 가장 중요한 주인공이었다. 케이크가 없는 생일은 상상할 수도 없었고 생일케이크를 깜빡한 아빠도 다음 생일이

1983년에 문을 연 비앤씨
베이커리에서는 옛날식 케이크를
판다. 언제든지 어린 시절 생일날의
추억을 더듬을 수 있게 해준다.

돌아올 때까지 절대 용서받을 수 없었다. 버터향 가득 나는 느끼한 크림으로 뒤덮인, 촌스럽지만 흔히 먹을 수 없던 그 시절 그 케이크의 맛이 지금도 머릿 속에, 입 속에 생생하다. 누구의 차지가 될까 노심초사하면서 꼭 제일 먼저 뽑아 먹었던 설탕으로 만든 꽃장식과 온 입에 크림을 잔뜩 묻히며 즐거워했던 기억.

그런데 그 옛날 케이크가 비앤씨에 있다. 모양은 옛날 그대로지만 재료와 맛은 업그레이드됐다. 비앤씨만의 색다른 크림으로 옛날 케이크를 재현한다. 요즘의 세련된 재료로 다시 만드는 옛날 케이크의 코스프레다. 언제라도 옛날 케이크 하나 사들고 가 어린 시절 생일날의 추억을 더듬을 수 있겠다.

비앤씨의 다른 빵들도 그 겉모양부터가 '나는 옛날 빵이다' 하는 포스를 풍기는 것들이 많다. 마들렌이나 만쥬, 센베이 등은 어르신들부터 아이들까지 고루 찾는 옛날 빵이다.

마들렌이나 만쥬, 센베이 등은 포장부터 맛까지 추억을 먹는 듯한 느낌을 준다.

포장부터 맛까지 추억을 먹는 듯한 느낌을 준다.

직원이 추천하는 빵도, 사람들이 많이들 사가는 빵도 단팥빵, 밤식빵, 상투빵, 센베이, 만주 등 예전부터 꾸준히 인기 있는 것들이다. 어떤 것은 담백하게, 또 어떤 것은 어릴 적 집에서 먹던 빵처럼 달걀 맛이 강하고, 또 어떤 것은 달달하게 입맛을 당긴다. 30여 년 전부터 꾸준히 이어온 빵도 있고 최근 몇 년 사이 개발된 빵까지 200여 종, 일단 빵 종류가 많으니 선택권이 다양하다. 쿠키 종류도 다양하다.

빵집 한 쪽에 15종류의 쿠키가 잔뜩 쌓여있는데 헨델과 그레텔이 되어 과자 나라의 과자들을 골라 먹기라도 하는 것 같다. 색깔별로 모양을 낸 다양한 쿠키가 가득 쌓여있는 진열대가 동심의 흥분을 불러일으킨다.

그러면서도 한쪽에 수북이 쌓인 6~7종류의 통곡물 건강빵은 꾸준히 사랑받는

비앤씨는 남포동 번화가에 자리잡고 있다. 1층은 베이커리,
2층은 캐주얼레스토랑, 3층부터는 빵을 만드는 공장이다.

아이템이다. 다른 빵들보다 만드는 시간이 더 걸려 매일 11시에 판매를 시작하는
건강빵은 저녁 6~7시면 다 떨어질 정도로 인기다.

당뇨환자들도 먹을 수 있는 빵이니 인구 1/3이 당뇨를 앓고 있는 우리나라에선 이제
단팥빵보다 건강빵을 찾는 사람이 더 많아질 수도 있겠다 싶다. 남포동 번화가에 있는
비앤씨 빵집은 1층은 베이커리, 2층은 옛날 경양식집 같은 캐주얼 레스토랑이다.
3층엔 센베이만 따로 만드는 공장이 있고, 4층은 대부분의 비앤씨 빵과 과자를 만드는
공장이다. 건물 하나가 모두 비앤씨다. 1층에서 산 빵을 2층에서 먹어도 좋고 돈가스,
오므라이스, 피자와 파스타 등을 시켜 먹을 수도 있다.

1층에서 산 빵을 들고 2층으로 올라갔다. 마들렌이며 만주 같은 비앤씨 대표 빵들을
정신없이 맛보고 있는데 빵집에서 만나는 연인들이 이곳에서는 의외로 많다는 것을
알아차렸다. 빵을 가운데 두고 알콩달콩, 조곤조곤 이야기 하는 모습이 왠지 정겹다.
인류가 지속되는 한 영원불멸일 청춘남녀의 연애가 달달한 빵과 함께 목하 진행 중이다.

마들렌

부드러운 식감에 계란향이 짙게 배어나
제과점 빵이 흔치 않던 시절 어렵게 맛본 빵맛을
떠올리게 한다. 이국적인 느낌이 나던 약간
느끼한 맛의 빵. 손가락만한 크기와 직사각형의
모양도 그대로다. 우유와 환상궁합이다.
한 봉지에 3,500원.

파이만주

비앤씨에서 가장 많이 팔리는 빵이자
비앤씨가 내세우는 빵이다. 패스트리
형태의 쫀득한 피에 팥이 가득 들어있어
다른 빵집들의 만주와는 좀 다른 식감과
맛이다. 좀 단편이라 식사대용보다는 식사
후 디저트로 먹기 좋다.
파이만주 개당 1,100원, 센베이 6,000원,
건강 호밀빵 4,500원

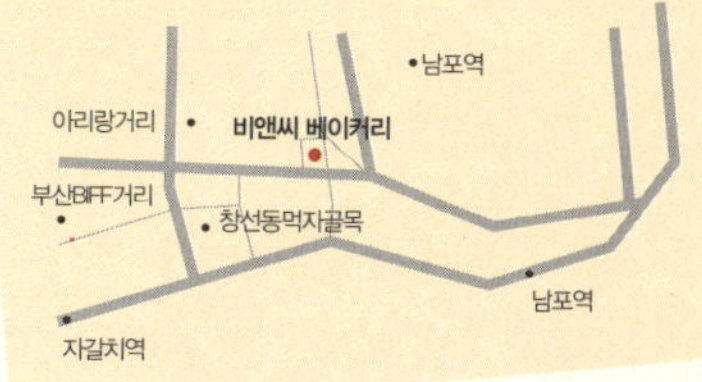

생강맛, 인삼맛, 사과맛이 살아있는

풍기_정도너츠

흔한 찹쌀도너츠에 생강고물을 입혀 유명해진 도너츠집이 있다. 생강의 칼칼한 맛이 도너츠의 기름진 맛과 어우러져 고소하면서도 매콤한 맛이 매력이다. 어느새 풍기의 명물이 된 생강도너츠로 유명한 정도너츠가 생긴 건 벌써 30년 전이다. 처음 생강도너츠를 만들어 팔게 된 사연도 독특하다. 지금은 60대인 사장 홍정순 씨가 첫아이를 임신했을 때, 입덧을 심하게 해 아무것도 먹지 못하다가 우연히 동네 골목에서 파는 생강도너츠를 맛보게 됐다. 다른 것은 하나도 입에 댈 수 없었는데 오로지 생강도너츠만은 맛있게 먹을 수 있었단다. 홍 사장은 아이를 낳고 시작한 분식집에서 임신 중 자신이 그토록 맛있게 먹었던 생강도너츠를 함께 팔았다. 도너츠

장사가 잘 되자 아예 도너츠만 팔게 된 것. 도너츠에 집중하다보니 자연스럽게 다양한 맛의 도너츠에 관심을 갖게 됐다. 정도너츠에서 판매하는 10여 가지의 도너츠는 외국계 도너츠 회사의 도너츠와는 다른 토속적인 맛을 낸다. 시장에서 파는 찹쌀

찹쌀도너츠에
생강고물을 묻혀
유명해진 30년의
역사를 자랑하는
정도너츠는 풍기의
명물이 되었다.

도너츠가 세련된 옷을 입었다. 또 국내산 찹쌀100퍼센트로 만들어 쫀득쫀득하고
도너츠에 들어가는 대부분의 재료도 산지 계약 재배를 통해 질 좋은 것을 사용한다.
작은 시골마을에서 시작한 정도너츠가 이례적으로 서울과 전국에까지 분점을 내며
도너츠 프렌차이즈 회사로 성장한 것도 놀랍다. 사실 프랜차이즈 업체를 마뜩찮게
생각하는 사람들이 많다. 개성이 함몰된 공장식 생산시스템이라는 점도 그렇고 대형
프랜차이즈가 개성 있는 소자본 가게를 집어삼키는 시스템도 부정적이다. 하지만
정도너츠는 일반적인 프랜차이즈 업체와는 조금 다르다.
정도너츠는 풍기의 작은 마을에서 시작해 동네 사람들 입맛 먼저 잡은 후 그 인기에
힘입어 전국으로 확산된, 시골도너츠의 성공신화다. 시장 통의 작은 분식점으로 시작해
성공을 거둔 길거리표 간식의 쾌거라고 할 만 하다. 최근 몇 년 사이 전국에 가맹점을

정도너츠는 풍기의 작은 마을에서
시작해 전국으로 확산되어 37개의
가맹점을 지니게 되었다.

37개나 만들었다.

기름에 튀기는 도너츠라는 특성상 먼 곳에 사는 사람들도 바로 사 먹을 수 있도록 하기
위해 체인점이라는 아이디어를 냈다. 서울에는 선릉점, 방학점, 중앙대점 세 곳에
체인점이 있다. 풍기까지 가지 않아도 방금 만든 정도너츠를 맛볼 수 있다.

풍기는 인삼으로도 유명하다. 그런 지역특성에 맞게 인삼도너츠도 만들었다.
인삼도너츠에서는 인삼향이 진하게 배어나고 간간이 인삼이 씹히기도 한다. 한 개에
천원 남짓한 도너츠에 어떻게 인삼을 넣을 수 있었을까 싶지만 마진율을 줄이더라도
좋은 재료와 맛으로 승부하겠다는 것이 정도너츠의 신념이다. 그래서 붕어빵에는
붕어가 안 들었어도 인삼도너츠에서는 인삼이 씹히고 사과도너츠에서는 향긋한
사과향과 함께 사과가 씹힌다.

정도너츠에는 현대인의 입맛에 맞춘 커피도너츠와 초코도너츠, 허브도너츠등 10여
종류의 도너츠가 있다. 고명으로 참깨가 뿌려진 깨찰현미도너츠와 찰흑미도너츠는
건강도 생각했다. 들깨도너츠는 어른들에게 인기. 아이들이 좋아하는 치즈가 가득
든 코돈블루 도너츠와 국산돼지고기를 통으로 넣은 돈도너츠도 있다. 여러 가지
종류의 도너츠가 다양하게 들어가는 도너츠세트는 선물용으로도 괜찮다. 하지만 뭐든
오리지널을 따라가기는 힘든 법. 뭐니뭐니해도 생강도너츠와 인삼도너츠의 맛이 가장
만족스럽다.

정도너츠는 외국계 대형도너츠
회사의 도너츠와는 다른 토속적인
맛으로 사랑받고 있다.

생강도너츠

정도너츠를 유명하게 만든 원조 도너츠.
100퍼센트 국내산 찹쌀로 만들어 쫄깃한
식감을 자랑한다. 다진 생강, 땅콩, 깨를
함께 버무린 도너츠로 생강 향이 은은하게
풍긴다. 1개 1,000원.

인삼도너츠

풍기는 인삼의 고장. 품질 좋은 수삼을
선별하여 역시 국내산 찹쌀로 만든 도너츠
안에 수삼을 썰어넣고 꿀에 절인 수삼과
대추, 깨와 함께 홍삼 엑기스를 바른
그야말로 건강 도너츠라 이름 붙일 만하다.
1개 1,200원.

TIP

택배도 되나요? NO
찹쌀도너츠는 하루가 지나면 딱딱하게 굳는다. 택배는
최소한 하루가 걸리기 때문에 37개의 가맹점을 만들어 어느
지역에서든 사 먹을 수 있도록 했다.

AND
도너츠는 하루정도는 실온에 놔둬도 상관없지만 하루가
넘어가지 않도록 먹고 남은 것은 냉동실에 얼린다.
냉동실에서 꺼낸 후에는 상온에서 1시간정도 놔두면
자연스러운 식감으로 먹을 수 있고 급하다면 전자레인지에
15초만 해동해서 먹는다.

BUT
돼지고기가 들어가는 돈도너츠의 경우는 전화로 미리
주문해야 살 수 있다.

INFO
address_ 경북 영주시 풍기읍 동부리 418-16
telephone _ 054-636-0043,
www.jungdonuts.com
time_ 10:00~19:30

군만두의 반란
영천 _ 삼송 꾼만두

● 　　　　군만두가 맛있어 봤자 군만두지. 과연 그럴까? 포도, 자두, 사과 등 일조량 많고 기온차가 심해 과일 맛좋기로 소문난 영천에 과일이 아닌, 맛 좋기로 소문난 군만두를 맛보러 갔다. 누군가는 대구 경북에서 제일 가는 군만두집이라 칭찬하며 입에 침이 마른다.

사람 없는 작은 골목 안에 들어선 평범한 만두집에 사람이 바글거렸다.

이 집의 만두는 군만두가 아닌 꾼만두 이다. '구운'의 경상도식 센 발음 '꾼'이 아닌 전문가를 뜻하는 꾼의 '꾼만두'. 꾼만두를 시킨다. 꾼만두 6개가 1인분, 5천 원이다. 시골 만두집에서 싸지 않은 가격이다. 하지만 만두의 덩치가 크고 내용물도 실하다. 소가 꽉 차 있고 그 바삭함도 일품이다. 만두피가 적당해서 그 바삭함에는 아쉬움이 없다. 1인분을 다 먹으면 배도 꽉 찬다.

만두를 찍어먹는 간장소스가 입맛을 돋운다. 간장과 고춧가루 같은 평범한 양념과 가르쳐 주지 않는 어떤 양념을 섞은 '비밀 양념'이다. 여기서는 단무지를 간장소스에 찍어 만두에 올려 먹는다. 만두를 바로 간장소스에 찍었다간 만두의 소가 순식간에 간장에 풍덩 빠져 버린다. 만두소가 많아서다.

부엌으로 들어가 봤다. 빚어놓은 만두를 튀겨내느라 바쁘다. 오로지 만두 하나로 삼십년 넘게 인기를 끌고 있는 비결이란 뭘까. 겉으로 봐서는 통통한 만두라는 점 외에 비법을 알아낼

길이 없다. 그저 만둣속을 알차게 넣고 바로바로 튀겨내는 것이 비법이란다. 만두는 매일 새벽 직접 손으로 빚는다. 반죽은 초창기엔 손으로 했지만 요즘은 판매량이 많아 기계로 한다. 그래도 만두 안에 들어가는 소는 주인이 직접 만든다. 만두소가 입맛을 당긴다. 튀김이다 보니 느끼할 것을 고려해 만두소를 담백하게 만들려고 신경을 썼다고 한다. 고기를 별로 좋아하지 않는 사람도 맛있게 먹을 정도로 고기가 아주 잘게 다져져 있어 고기의 질감이 크게 느껴지지 않고 야채와 당면과도 조화롭다. 중국집 군만두에 익숙했던 혀가 처음으로 맛보는 통통하고 바삭한 꾼만두를 자꾸만 입 안으로 끌어당긴다.

꾼만두 · 김치만두

만두가 크고 내용물이 그야말로 실하다. 소가 꽉 차 있는데 담백하고 만두피는 바삭하다. 입맛을 돋우는데 간장 소스가 한몫 한다. 만두 속을 알차게 넣고 바로 튀겨내는 것이 비법이라고. 꾼만두 · 김치만두 1인분 5,000원, 찐만두 6,000원

Part 3

서울 · 강원도

옛날 빵집에서 추억을 먹는다

서울_ 효자 베이커리

● 통인동에 가면 80년대 동네에서 맡던 구수한 빵 냄새가 난다. 일명 효자동 빵집으로 통하는 효자 베이커리다. 이곳에서 옛날 빵 냄새, 옛날 빵 맛을 실컷 볼 수 있다. 향기는 코로만 맡는 것이 아니라 눈으로도 맡는 것이라 했던가. 다양한 빵들의 모습만 봐도 괜한 흐뭇함이 인다.

1986년에 빵집을 열고 지금까지 근 30여 년간 꾸준히 만들고 있는 옛날식 햄버거는 아직도 2천원이다. 효자동 빵집의 햄버거는 어릴 적 동네빵집에서 엄마가 사주던 햄버거 딱 그 맛이다. 프랜차이즈 햄버거집일랑 존재조차 없던 시절, 시장이나 빵집에서 팔던 은박에 싼 햄버거는 아이들에게 동경의 대상이었다. 햄버거는 언제든 쉽게 사 먹을

수 있는 것은 아니었다. 햄버거 하나면 단팥빵이 3~4개. 가끔 무슨 일에선지 큰 맘 먹고 엄마가 사주시던 바나나 한 개와 햄버거 하나면 세상을 다 가진 듯 행복했다. 큰 호사라도 누리는 양 황송했던 기억이 새록새록하다.

효자 베이커리는 30여년간 꾸준히
사랑받고 있는 일명 '효자동 빵집'이다.
서촌을 찾는 이들이 늘어나면서
주말이면 빵집 앞 줄도 길어졌다.

촌스런 맛의 이 효자동 햄버거는 전적으로 추억으로 먹는다. 이미 세련된 맛들에 잔뜩 길들여진 약은 혀까지야 맛있다고 느끼지는 않지만 한없이 기꺼운 추억의 맛. 가슴이나 머리 뿐 아니라 입안에서도 슬며시 되살아나는 그 놀라운 추억의 맛이다.

그렇게 정겨운 느낌의 효자 베이커리는 지금도 딱 옛날 빵집 그대로의 모습이다. 작은 빵 가게 안에는 어릴 적부터 익숙한 역사 깊은 곰보빵과 단팥빵, 크림빵과 함께 요즘 부쩍 잘 나간다는 어니언 크림슈 소보로, 늙은 호박 파운드 케이크처럼 독특한 빵들도 눈에 띈다. 전체 빵의 80퍼센트가 예전부터 있던 빵이고, 나머지가 하나하나 개발된 요즘 빵이다. 효자베이커리에서 가장 잘 나가는 빵은 따로 있다. '콘브래드'라는 빵이다. 동글동글한 빵 안에 옥수수와 야채 등이 소복이 들어가 있는 고로케 같은 느낌의 구운 빵이 판매 1등이다. 콘브래드의 나이도 이제 어엿한 스무 살이다. 스무 해 동안 사람들의 꾸준한 사랑을 받는다는 건 쉬운 일은 아닐 테다.

바게트도 인기 아이템이다. 바게트는 단순한만큼 오히려 깊은 맛과 빵의 적절한 질감을

효자 베이커리에서 판매 1등인 콘브래드. 주말에는 이 빵을 사러 오는 사람이 많아 한 사람당 한 개씩만 판매할 정도로 인기 최고다.

내기가 쉽지 않은데 유명 레스토랑에 근무하는 단골 손님이 자주 사간다니 신뢰가 간다. 부드러운 슈크림빵과 카스테라도 '추억 돋는' 모양새다. 100여 종의 빵에서 과거와 현재가 무시로 오간다.

요즘은 서글서글 인상 좋은, 서른 즈음의 유성종 씨가 계산대를 지키고 있다. 그의 웃음 띤 얼굴만 봐도 빵집 안으로 들어오는 사람 마음까지 환해진다. 어쩌면 그렇게 한결같이 손님들에게 일일이 정답게 인사하며 웃어줄 수 있을까. 하루 종일 작은 빵집에 서서 손님을 맞는 일이 혈기 왕성한 청춘에게 어찌 유쾌하고 즐겁기만 한 일일까. 힘들지 않느냐는 물음에 젊고 유쾌한 이 빵집 아들은 생각지도 못한 대답을 내놓는다.

"소수에게만 허락된 전통을 이어갈 수 있다는 게 기뻐요. 외국에서 100년 된 빵집을 본 적이 있어요. 아버지가 30년 동안 지켜 오신 빵집을 저도 대를 이어 지켜 나가고 싶어요."

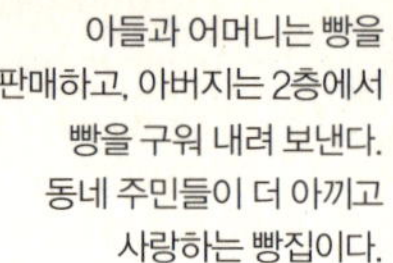

아들과 어머니는 빵을
판매하고, 아버지는 2층에서
빵을 구워 내려 보낸다.
동네 주민들이 더 아끼고
사랑하는 빵집이다.

아들은 오랫동안 빵집을 지키던 어머니를 도와 계산대를 보고 환갑이 가까운 아버지 유재영 씨는 여전히 매일같이 2층에서 빵을 구워 바로 아래층인 빵집으로 내려 보낸다. 빵 굽는 경력만 40년째다. 젊은 시절 덕수제과와 뉴욕제과에서 익히고 다진 기술이다. 작은 가게 한쪽의 빵 엘리베이터에서 수시로 내려오는 따끈한 빵 덕분에 가게 안은 늘 고소한 빵 냄새로 진동한다. 오래된 빵집이라는 말에 그냥 한번 구경하러 들어갔다가 양손 가득, 며칠 안에 다 먹을 수도 없이 많은 양의 빵들을 충동구매하게 된다. 동네 친절한 아저씨처럼 늘 효자동을 지키고 있는 동네빵집인 효자 베이커리가 있기에 통인동 나들이는 더 즐겁게 느껴진다. 최근 강북의 오래된 동네, 소소한 작은 골목들이 재조명되고 서촌이 골목 나들이길로 인기를 끌면서 통인동길에도 부쩍 젊은 사람들의 발길이 잦아졌다. 옛날 집들 사이사이로 아기자기한 카페와 개성 있는 가게들도 하나둘씩 늘어나고 있다. 서촌의 한가운데, 통인시장의 마을 쪽 입구에 있는 효자 베이커리는 통인시장을 구경 나온 이들의 발길까지 붙잡으며 유난히 더 북적북적한 모습이다. 날씨가 좋아질수록, 그리고 무언가 추억의 맛이 절실한 때일수록 효자동 빵집 앞에 늘어선 줄도 길어진다.

어니언 크림슈 소보로

양파를 넣은 생크림이 소보로 안에
가득 들어있다. 겉은 바삭하고 속에
양파크림까지 더해져 맛있다. 풍성한
맛의 빵을 먹고 싶을 때 추천.
1개 1,500원.

콘브래드

효자 베이커리의 1등 효자 빵이다. 동글동글한 6개의
작은 빵이 붙은 덩어리 빵이다. 콘과 야채로 채워져
있어 야채빵이나 고로케와도 비슷한 느낌이지만
달달하고 얇은 소보로가 감싸고 있어 달콤한 맛이
추가됐다. 1개 5,000원.

햄버거

어릴 적 시장이나 슈퍼, 동네빵집, 분식집
등에서 은박지에 포장해 팔던 햄버거
맛이다. 옛 추억을 새록새록 떠올리게
하는 전형적인 추억의 맛으로 값도
저렴하다. 서촌 나들이길에 한 끼
식사대용으로도 괜찮다. 1개 2,000원.

달달 볶는 원조전쟁

서울_통인시장 기름떡볶이

'떡볶이' 하면 흔히 빨간 국물에 떡이 퐁덩 빠져있거나 고추장 양념이 벌건 떡볶이를 떠올리게 된다. 우리가 어린 시절부터 먹던 떡볶이가 그랬고 집에서 엄마가 해주던 떡볶이도 그랬다. 궁중 떡볶이라는 간장 떡볶이도 있지만 길거리에서 흔하게 파는 친근한 떡볶이는 아니다. 그런데 통인동의 통인시장에는 기름으로 달달 볶은 떡볶이가 명물이 된 지 오래다. 기름떡볶이는 다시 고추장기름떡볶이와 간장기름떡볶이로 나뉜다. 어떻게 만드는지는 그저 짐작할 수 밖에 없는데,

고추장기름떡볶이건 간장기름떡볶이건 미리 각각의 양념을 해둔 떡볶이를 덜어내 즉석에서 기름을 두른 무쇠 솥뚜껑에 다시 볶아준다. 고추장기름떡볶이는 고춧가루와 고추장, 참기름 등을 섞은 양념이 되어 있고 간장기름떡볶이도 간장양념을 이미 한 채로

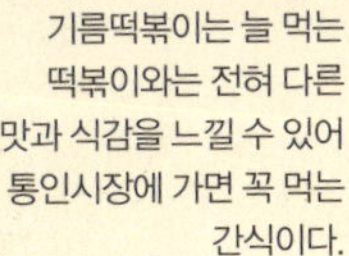

기름떡볶이는 늘 먹는
떡볶이와는 전혀 다른
맛과 식감을 느낄 수 있어
통인시장에 가면 꼭 먹는
간식이다.

한쪽에 수북이 쌓여있다.

그런데 그 맛이 우리가 흔히 먹던 일반 떡볶이와는 많이 다르다. 그 자리에서 바로 철판
위에 기름을 두르고 볶아주니 쫀득쫀득하고 고소하다. 양념이 어우러져 바삭한 식감이
떡볶이를 살짝 구운 느낌도 든다. 떡볶이에 배어있는 고추장 양념은 매콤하고 간장
양념은 심심하면서도 은근하게 고소하다. 두 떡볶이 모두 기름에 볶았기 때문에 약간
느끼한 감이 없지 않지만 매번 먹던 떡볶이와는 전혀 다른 맛과 식감을 즐길 수 있어
통인시장에 가면 꼭 먹게 되는 간식이다.

가격은 생각보다, 그리고 그 양에 비해 다소 비싸다. 한 종류씩 따로 파는데 한 떡볶이당
1인분에 3,000원이다. 보통 떡볶이는 주전부리로 먹는 경우가 많기 때문에 두 사람이
가도 1인분을 나누어 먹곤 하는데 1인분을 섞어 팔지는 않고 1인분에 한 종류씩만 팔기
때문에 짜장면과 짬뽕을 고를 때처럼 주문할 때마다 고민하게 된다.

고추장 양념이 된 떡볶이는 매콤하면서도 입맛을 당기지만 계속 먹으면 속이 약간 아릴

통인시장 안의 '원조할머니떡볶이'와
'원조옛날기름떡볶이' 두 집이 원조 논쟁을
벌이고 있지만 맛은 비슷비슷하다.

수 있고 간장 양념이 된 떡볶이는 좀 심심한 감이 있기 때문에 섞어 먹고 싶은데 1인분을 섞어 팔진 않고 그렇다고 2인분을 시키기엔 두 명이 먹더라도 양이 많으니 늘 갈등인 것이다. 주인의 사정인즉슨 즉석에서 기름으로 볶기 때문에 1인분을 섞어 주게 되면 적은 양을 각각 따로 볶아야 하는 수고로움이 있다. 어쨌든 좀 야박한 건 사실이다. 뭐든

인기가 있고 사람들의 발길이 잦아지면 그러한 법이지만.

통인시장 안에는 기름떡볶이로 유명한 집이 두 곳 있다. 하나는 '원조할머니떡볶이'고 다른 하나는 '원조옛날기름떡볶이'다. 한 집은 한국전쟁 이후부터 팔아왔다 하고

또 다른 집도 30년이 넘었다고 한다. 두 집 다 서로 자기가 원조라고 간판에서부터 우긴다. 어느 집이 더 많이 매스컴을 탔고 또 사람들이 알아주느냐 하는 것으로 어쩌면 장사의 성패가 좌우되기도 할 테지만 손님 입장에서는 맛이 대동소이하기 때문에 그런 원조논쟁에는 관심이 없다.

이들 기름떡볶이집에서는 순대와 녹두전이나 모듬전도 함께 판다. 시장통에 있으니 전도 잘 팔리는 편이고 아예 한 끼 식사로 떡볶이와 전을 같이 먹는 사람도 많다.

고추장기름떡볶이 & 간장기름떡볶이

기름떡볶이는 물에 삶은 떡볶이가 아니라 기름에 살짝 구워낸 듯한 떡볶이다. 그래서 고소한 맛이 강하고 고추장양념이냐 간장양념이냐에 따라 살짝 매콤하거나 은근한 맛으로 갈린다. 간장기름떡볶이는 매운 걸 잘 못 먹는 노인이나 어린아이도 부담 없이 먹을 수 있다. 그래서인지 포장해 가는 사람도 많다. 시간이 지나도 퍼지지 않고 식어도 여전히 쫄깃쫄깃하다. 포장해 갈 때는 기름에 한 번 더 볶지 않은 상태로 싸와서 집에서 프라이팬에 기름을 두르고 살짝 볶아서 먹으면 맛있다. 각 1인분 3,000원.

손맛 하나로 바쁘다 바빠

서울_손맛김밥

● 통인시장 한 켠, 있는 듯 없는 듯 작은 김밥집. 안으로 먹음직스러운 김밥 재료가 가지런히 놓인 주방이 들여다보인다. 그런데 김밥을 말고 있는 주인 아주머니의 손이 도무지 보이지 않는다. 아주머니는 계란 지단을 부치면서 당근을 볶고 동시에 재료를 손질한다. 그 사이사이 손님의 주문에 따라 다시 김밥 한 두 줄을 순식간에 말아낸다. 하나에 2,000원 하는 김밥 한 줄에 건강한 먹을거리가 잔뜩 담겨있다. 김밥은 통통하고 윤기도 좔좔 흐른다. 먹음직스럽다.

그렇다고 요즘 여기저기서 유행하는 김밥들처럼 숯불고기나 해산물, 돈가스, 매운 고추나 멸치 등 특별한 재료를 넣는 것도 아니다. 계란, 당근, 단무지, 우엉, 햄, 맛살, 오이, 어묵 등 김밥 속에 들어가는 것은 모두 기본에 충실한 재료들이다. 그런데도 맛있다. 아니 그래서 더 맛있고 특별하다. 톡 튀는 맛을 내지 않으면서도 전체적으로 모든 재료들이 다 잘 어울리는 맛이다. 조화롭다. 독특한 맛의 새로 나온 김밥들은 김밥의 퓨전이나 혁명 같기도 하지만 때로는 영 김밥 같지 않기도 하다. 튀는

재료만큼이나 김밥의 가격도 더불어 비싸졌다. 반대로는 꽤 오래전부터 천원김밥이 유행하면서 불티나게 팔리고 있다. 김밥에도 계층이 생긴 걸까. 밥 먹는 시간도 따로 낼 수 없이 일하고 공부하기에 바쁜 도시인들은 가게도 흔하고 값도 싼 천원김밥으로 끼니를 때울 때가 많다. 그렇게 천원김밥에 단련되어 버린 입 속으로 손맛김밥의 김밥이 들어온 순간

옛 추억이 되살아났다. 엄마가 싸준 김밥, 말 그대로 홈메이드
스타일이다. 지금 김밥을 말고 있는 주인 아주머니는 현재의 자리에서
'할머니김밥'집을 운영하던 할머니의 딸이다. 할머니는 돌아가시고
딸이 뒤를 이어 김밥집을 맡았다. 그래서 '할머니김밥'에서 '손맛김밥'으로 가게 이름도
바뀠다. 그런데 재밌는 것이 전부터 할머니의 김밥말이 솜씨도 실은 지금의 주인인 딸이
비법을 일러 주었다는 것이다. 꼭 엄마가 딸보다 손맛이 좋으라는 법은 없다. 그러니까
원래부터 딸이 엄마보다 손맛이 좋았고 그 손맛을 십분 활용한 요리법을 엄마에게
가르쳐 주었던 것이다. 맛에 자신이 있으니 미련 없이 가게 이름도 바꿀 수 있었을
것이다. 부디 계속 장사가 잘 돼서 이 엄마표 김밥을 계속 사 먹을 수 있었으면….

손맛김밥

담백하게 기본 재료에 충실한 김밥. 톡 튀는 맛은
없지만 모든 재료들이 잘 어울리는 조화로운 맛이다.
엄마가 싸주던 홈메이드 스타일의 김밥이 먹고 싶다면
추천한다. 1줄에 2,000원.

TIP

택배도 되나요? NO
잘 상하는 김밥의 특성상 택배는 되지 않지만
나들이길에 가져갈 수 있도록 새벽 주문 예약은
가능하다.

AND
단체 도시락도 미리 예약하면 아침에 가져갈 수 있다.

BUT
앉아서 먹고 갈 수 있는 장소는 따로 없고 포장만
가능하다. 새벽부터 장사를 시작하는 만큼 저녁 6시면
일찍 일을 마치고 들어가므로 퇴근길에는 살 수 없다.

INFO
address_ 서울시 종로구 통인동 10-3

telephone _02-722-0911(통인시장
대표번호)

time_ 09:00~18:00

DESSERT

간식여행 04

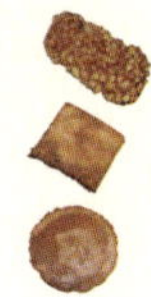

바삭한 옛날 센베이 Since 1967

서울_김용안 과자점

● 두 명의 건장한 남자가 팔을 걷어붙이고 바쁘게 몸을 움직이며 과자를 만든다. 8평 남짓한 과자가게 안이 꽉 차는 느낌이다. 진열대 너머로 보이는 두 남자는 처남 매제간, 47년 전 과자가게를 시작한 김용안 씨의 아들과 사위다. 종류별로 진열대에 수북이 쌓인 과자는 모두 하루 종일 두 남자가 직접 만들어낸 것이다. 김용안 과자점에서 파는 과자는 일명 '센베이', '전병'으로 통한다.

두 남자는 주로 과자를 만드는 일에 몰두하고 손님이 오면 틈틈이 과자를 포장해 준다. 과자를 파는 예쁜 가게가 아니라 직접 불을 올려 과자를 만들고 그 자리에서 파는 투박한 옛날 모습의 가게다. 물론 과자는 모두 팔기 위해 만드는 것이지만 과자를

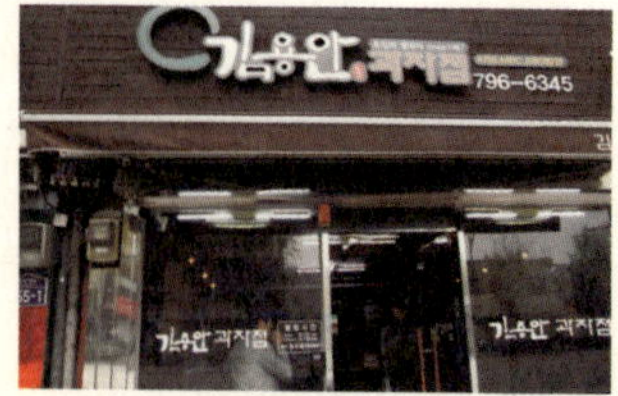

만드는 모습이 신성한 노동을 하는 양 그것대로 흥미진진하다. 과자를 만드는 두 남자의 모습을 보고 있노라면 어떤 사명감마저 느껴진다. 김용안 과자점의 과자는 매일 만들어진다. 옛날부터 쓰던 주물로 만든 무거운 과자틀에서

일명 센베이로 불리는 전병으로 유명한 김용안 과자점에서는 10여 종류의 과자를 매장에서 직접 만들어낸다.

과자가 하나하나 구워져 나오는 과정은 꽤 이색적이다.

이 과자점에서 파는 전병의 수는 많을 때는 10여 종류에 이르지만 작은 가게에서 한정된 기계로 매일 모든 종류의 과자를 다 만들어 낼 수는 없기에 하루에 1~2종의 과자를 집중해서 만든다. 과자마다 틀이 달라 일일이 무거운 주물로 만든 틀을 갈아야 하고 불 조절도 달리 해야 하기 때문에 그럴 수밖에 없다. 그래서 어떤 과자는 오늘 만든 것이고 어떤 과자는 어제, 다른 과자는 다 팔렸으니 내일 만들 차례가 되는 것이다.

과자는 땅콩전병, 파래전병, 생강전병, 해삼전병, 참깨전병, 들깨전병, 쌀강정 등으로 비슷비슷하면서도 각기 다른 맛과 모양이다. 일명 '오란다'라 불리는 돌강정만 빼고는 모두 김용안 과자점에서 직접 만든다. 이런 식으로 매일 과자를 만드니 손님은 그날그날 새로 만든 과자를 살 수 있다. 한 종류의 과자를 담은 커다란 진열장 하나가 채워지는 것은 하루, 비워지는 데는 보통 이삼일이 걸린다. 그러니 잘 팔리는 과자는 없을 때도 있다. 같은 과자라고 해서 매일 똑같이 정해진 레시피대로 만드는 것은 아니다. 센베이라 불리는 이 전병은 와삭와삭 씹히는 바삭한 식감이 관건인데 계절이나 날씨에

따라 온도와 습도, 바람의 세기 등이 다르기 때문에 그날그날의 날씨에 따라 재료의
양이나 반죽 상태, 불의 높이와 굽는 시간 등이 미세하게 달라진다. 그야말로 노하우를
필요로 하는 작업이다. 문득 '제빵왕 김탁구'가 떠오른다. 같은 재료와 방법으로
만들어도 만드는 사람의 기술에 따라 과자의 질에 차이가 나는 것이다.
젊은 두 남자가 만드는 과자는 공장에서 일률적으로 찍어내는 것이 아니라 사람의
감각에 의지해 하나하나 손으로 만드는 과자다. 여러 가지 외부 환경을 고려해 과자를
만들어야 한다는 것을 조금씩 체득하기까지 두 남자에게는 몇 년의 시간이 필요했다.
그래야 네 번의 계절과 갖은 날씨를 두루 경험하고 과자 반죽과 불 조절의 미세한 차이를
발견하고 배워갈 수 있다.
허투루가 아니라 제대로 전병 만드는 과정을 배우겠다고 마음먹었다면 처음 1년간은
만드는 것은 고사하고 그저 어깨 너머로 지켜봐야 하는 여유와 배짱도 필요하단다.
아버지의 가업을 이어받겠다는 아들과 사위가 아니었다면 쉽게 견뎌내지 못할 과정의

전병은 계절과 날씨에
따라 재료의 양이나
반죽 상태, 불의 높이나
굽는 시간이 미세하게
달라진다. 그야말로 굽는
사람의 기술에 따라 맛이
달라지는 과자다.

일이다. 별다른 사명감 없이는 종일 불 앞에 서 있어야 하는 8평의 과자가게에서
버텨내기란 쉬운 일이 아닐 듯 하다. 먹기는 쉽지만 쉽게 배울 수는 없는 것이 전병을
만드는 일이다.

그런데 다행히 최근 몇 년간 음식업에도 복고의 바람이 불고 있다. 사람들은 갑자기
쉽고 빠른 것보다는 좀 어렵기도 하고 느리기도 한 옛날 것들에 열광하고 있다. 좀 덜
세련됐어도 투박하고 촌스런 그 옛날 맛과 모양을 찾는 사람들이 늘고 있는 것이다.
덕분에 김용안 과자점도 몇 년 동안 줄기차게 호황이다. 아들과 사위에게 과자 만드는
법을 전수하고 4~5년 전부터는 일손을 놓은 아버지 김용안 씨가 1967년부터 해오던
김용안 과자점은 그동안의 세월을 통틀어 최근이 가장 인기란다.

가장 인기 있는 과자는 생강전병. 생생강을 직접 갈아서 만든 생강물을 다시 3~4시간
달여 돌돌 말은 전병을 담가서 만든다. 가장 인기 있지만 가장 재료비가 많이 들고
만들기도 어려운데다 손도 많이 가는 과자다. 그래서 과자를 두루 섞어서 사지 않고

생강과자만 몇 근씩 사가는 손님이 조금은 얄미울 지경이라나.
김용안 과자의 유통기한은 한 달 정도다. 그러나 방부제나 첨가제는 전혀 넣지 않고
설탕이 방부제 역할을 한다. 바삭함을 유지하기 위해서는 밀폐용기에 넣어두고 먹는
것이 좋은데 많이 샀다면 냉동실에 보관해도 된다. 냉동실에서 꺼낸 후에는 20초 정도
전자레인지에 돌려 먹으면 맛있다. 실온에 보관한다면 3~4일 안에 먹는 것이 가장
맛있단다. 어른이 되어서도 자꾸 생각나는 과자, 어쩐지 센베이라는 이름이 더 익숙한
전병과자 한 근을 사러 용산을 어슬렁거리게 된다.

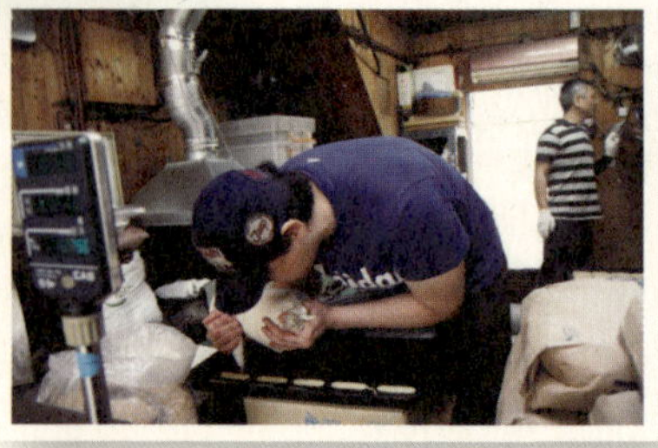

김용안 과자점은 47년
전 문을 연 김용안 씨의
아들과 사위가 이어 받아
그 자리를 지키고 있다

생강전병

생강 맛이 물씬 난다. 아무래도 다른
과자보다는 설탕도 많이 묻어있다. 시간이
지나면서 눅눅해 질 거라는 예상과는
다르게 당일에 먹으면 다 마르지 않아 조금
눅눅한 느낌이고, 시간이 지나면서 점점
바삭해진다.

참깨전병

가장 고전적인 맛의 전병이다. 바삭하고
담백한 맛이 일품이다. 밀폐용기나
지퍼팩에 보관하면 생각보다
오래 바삭함을 느낄 수 있다.

전병 한 근(400g) 8,000~9,000원,
반 근 4,000~4,500원.

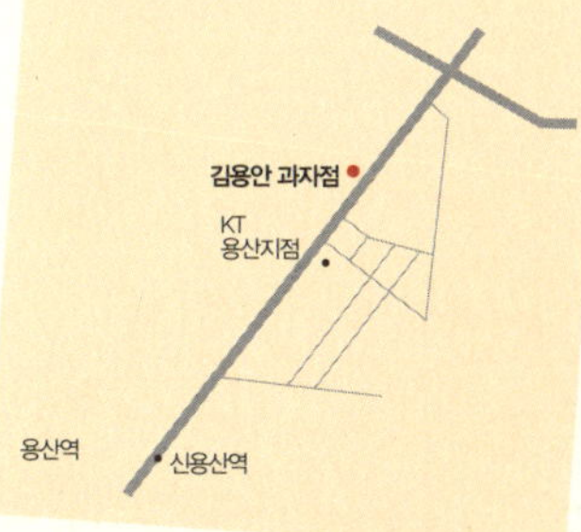

고소한 냄새가 십리까지 퍼지네

인천 _ 십리향 화덕만두

인천 차이나타운의 먹자골목을 걷다 보면 어디선가 고소한 냄새가 풍긴다. 누구라도 그 냄새를 무시하고 그냥 지나쳐가기는 어려운 일이다. 인천 차이나타운에는 원조 짜장면집들 틈에 유명한 중국식 화덕만두집이 있다. 화덕에 직접 만두를 굽는데 맛을 보기도 한참 전, 멀리서 걸어오는 도중에 그 자극적인 냄새로 인해 이미 입 안에는 침이 고인다.

화덕만두의 고소한 냄새가 십리를 퍼져 나가 오가는 이를 유혹한다고 해서 가게 이름도 십리향이다. 화교인 주인 아저씨는 기다리지 않고 화덕만두를 사 가는 손님에게 '평일이라 줄을 서지 않고도 먹을 수 있다'며 선심이라도 쓰듯 외려 큰소리 탕탕이다. 불 지핀 옹기화덕을 들여다보니 왕만두보다도 큰 만두들이 화덕 벽에 턱턱 붙어있다. 중국식이다. 만두 안에는 고기와 부추가 어우러진 소가 가득 들어있다. 찌거나 튀긴 만두가 아니라 화덕에 구운 만두라 느끼함이 덜하고 담백하다. 화덕에 구웠다고 기름이 아예 없지는 않다. 기름을 많이 쓰는 중국 음식처럼 십리향 화덕만두도 먹다보면 손과 입에 좌르르 기름이 돈다. 겨울에 뜨거운 차와 함께 호호 불어가며 먹으면 더 맛있다.

적당히 두꺼운 만두피는 화덕에 구워 빵처럼 느껴지기도 한다. 만두 안을 채우고 있는 고기소도 한국식 만두와는 좀 다르다. 저민 고기와 야채는 야릇한 이국의 향과 함께 입 안에서 조화롭게 어우러진다. 고기만두를 기본으로 취향에 따라 고구마와 단호박, 팥이 고기 대신 소로 들어간 만두도 맛 볼 수 있다. 팥이나 고구마 등이 들어간 만두는 찐빵과 비슷한 느낌이다. 그래도 역시 십리향에서 제일 잘 나가는 건 고기만두다.

만두 하나쯤은 식사와 상관없이 간식으로 먹을 수 있으니 이 만두가게 앞을 지나는 숱한 관광객들은 냄새의 유혹과 호기심을 이기지 못하고 줄을 서 한참씩 기다려 만두를 사 먹고는 한다. 손에 만두 하나씩 들고 어슬렁어슬렁 차이나타운을 구경하며 먹는 맛도 썩 괜찮다. 대륙의 나라 중국을 눈으로도 보고 입으로도 느낀다.

고기만두

두꺼운 만두피가 빵처럼 느껴진다. 줄을 선 사람들이 제일 많이 사 가는 고기만두 안에는 고기와 야채가 가득 들어있는데 중국식 향신료의 맛이 느껴진다. 한두 개만 먹어도 배가 부를 정도로 두툼하고 푸짐한 이국적인 맛이다.

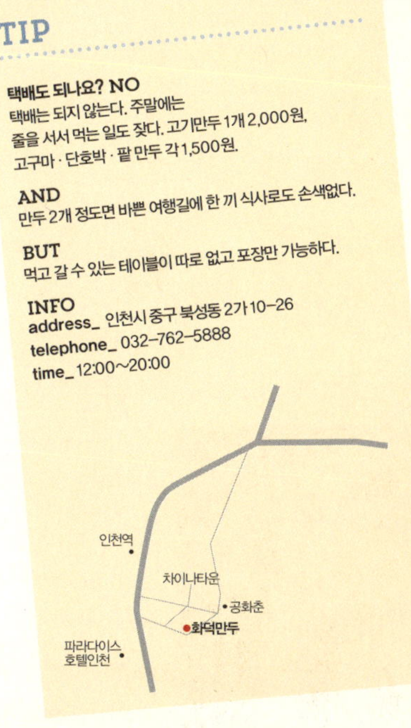

가마솥에 튀겨 바삭바삭, 뼈 있는 닭강정

속초_만석닭강정

속초하면 떠오르는 것은 속초 앞바다, 대포항, 물회, 아바이순대, 설악산 등 여러 가지가 있지만 그 중에서도 닭강정을 빼 놓을 수 없다. 2000년대 초에 만석닭강정이 생기고 인기를 끈 이래 속초에는 수많은 닭강정집이 생겼다. 속초중앙시장에만 20여 개의 닭강정집이 생겨나 닭강정골목까지 만들어졌다. 만석닭강정이 속초 사람 여럿 먹여 살린다는 말도 빈말은 아닌 듯하다.

만석닭강정 사장은 원래 양계장을 운영하며 83년부터 시장통에서 생닭 장사를 했었다.

90년대 말과 2000년 초에 걸쳐 호텔조리학과를 다니며 닭강정 소스를 개발해 닭강정집을 냈는데 그게 그야말로 대박이 난 것. 그러니까 닭집을 운영한지는 30년이 넘었고 자신만의 비법소스를 개발해 닭강정을 만들어 팔기 시작한 건 15년 쯤 된 셈이다.

처음엔 하루 400~500마리 정도의 닭을 팔았지만 요즘은 전국으로 가는 택배까지 합쳐 주말엔 5천 마리까지 튀겨낸다.

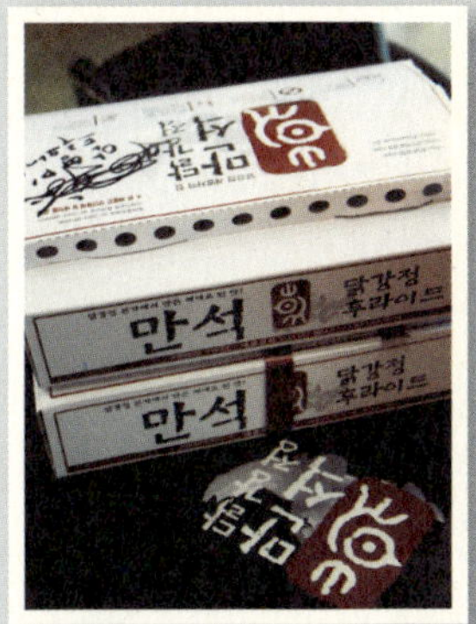

닭을 튀기고 양념을 입히는
가마솥이 100개가 넘고
조리직원만 70여 명이나 된다.

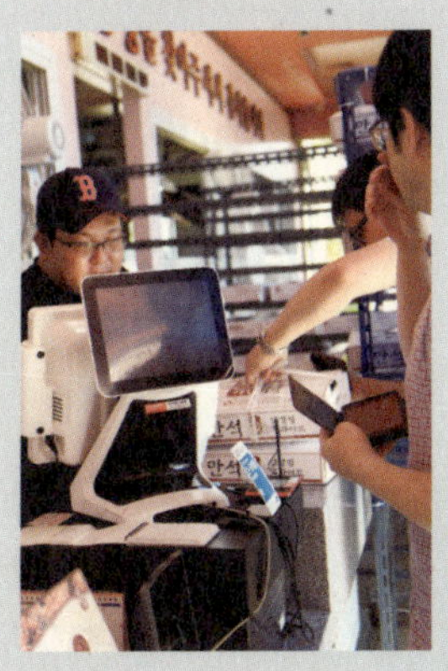

그러다보니 닭을 튀기고 양념을 입히는 가마솥이 100개가 넘고 조리직원만 70여
명이나 된다. 100여 개의 무쇠가마솥을 보니 입이 떡 벌어진다. 만석닭강정이 유명해진
이유 중 하나가 바로 닭을 튀길 때 쓰는 이 무쇠가마솥이다.

밥도 가마솥에 한 밥이 맛있고 국도 가마솥에 끓인 국이 맛있다. 그만큼 요리에서
가마솥이 차지하는 비중은 크다. 쌀이 좋지 않던 옛날에도 밥만큼은 기막히게 맛있었던
이유도 이 가마솥 덕분이 아니었나 싶다. 일단 가마솥은 한 번 온도가 올라가면 잘
떨어지지 않는다. 그래서 튀김요리를 할 때야말로 가마솥이 진가를 발휘한다. 닭을
튀기는 동안 기름 온도가 떨어지지 않고 그대로 유지되는 것이다. 그래서 닭이 한결
바삭하고 기름도 덜 먹는다. 기름 온도 유지를 위해 가마솥 한 개에서 꼭 닭 한 마리
분량만 튀겨낸다. 보통 튀김집에서 쓰는 전기솥을 쓰면 온도가 일정하게 유지되지만
화력이 약해 튀김이 덜 바삭하다. 반면 만석닭강정처럼 가스 불을 쓰면 화력이 좋아
높은 온도에서 닭을 빨리 튀겨낼 수 있다. 불 조절이 관건이지만 '가마솥 하나에
닭 한 마리'라는 원칙을 고수하며 불 조절의 노하우를 살린다. 기름은 자신 있게

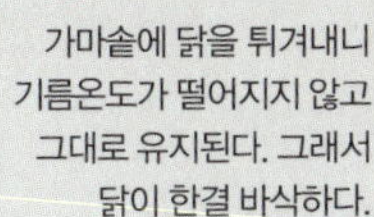

가마솥에 닭을 튀겨내니
기름온도가 떨어지지 않고
그대로 유지된다. 그래서
닭이 한결 바삭하다.

'해표식용유'를 쓰고 있다고 밝힌다. 3시간에 한 번씩 기름을 교체한다고.

사실 가마솥도 가마솥이지만 고유한 소스에 더 무게를 싣는다. 닭을 튀긴 후 한 김 식혀 소스를 바르는데 달군 가마솥에 넣어 이리저리 빠르게 휘저어가며 닭튀김에 소스를 묻힌다. 그리고 거대한 선풍기 밑에서 한 김 더 재빠르게 식힌다.

닭강정이 눅눅해지지 않고 더 바삭해지는 것이 이 비법 소스의 핵심이란다. 맛은 따라할 수 있을지 몰라도 그 바삭함을 유지하는 비법만큼은 어느 닭강정집에서도 따라하기 어려울 거라고 자신한다. 이 비법소스의 대량화 작업이 어려워서 체인점을 낼 생각도 없단다. 그래서 속초본점과 속초중앙시장점 단 두 곳만 직영하고 있다. 전국의 비슷한 이름과 상호, 로고를 차용한 닭강정집은 모두 아류란다.

보통 닭은 뜨거울 때 먹지만 닭강정은 소스를 묻히는 만큼 이렇게 한 김 식혀서 판매해야 그 바삭함을 보다 오래 유지할 수 있다. 가마솥에서 나오자마자 먹는 것도 맛있다. 그러나 90퍼센트 이상의 손님이 포장을 해가거나 택배 주문이고 뜨거운 상태에서 뚜껑을 덮어 포장을 해버리면 뜨거운 김이 닭강정 안으로 스며들어 닭이 눅눅해져 애써 식혀서 포장을 하는 것이다. 그래서 포장 용기에도 구멍이 뽕뽕 뚫려있다. 혹시

닭강정은 소스를 묻히기 때문에 한 김 식혀야 바삭함을 보다 오래 유지할 수 있다. 그래서 포장 용기에도 구멍이 뽕뽕 뚫려있다. 이 포장박스는 특허까지 받았다.

덜 식었을지 모르는 닭강정을 집까지 가는 동안에도 계속 식히기 위함이다. 뜨거운 김이 나가도록 옆쪽으로 구멍을 뚫은 이 포장박스는 특허까지 받았다. 매장에서 바로 나가는 닭은 한 김만 식으면 손님 손으로 건네지지만 택배용은 바삭한 식감을 위해 5시간 이상 식혀서 나간다. 그래서 새벽 6시부터 닭을 튀겨야 한다.

만석닭강정이 또 다른 점은 뼈가 있는 닭강정이라는 점이다. 보통 닭강정은 순살만 발라내 튀김옷을 입히고 조그맣게 튀겨내는 데 만석닭강정 안에는 닭뼈가 그대로 들어있다. 그래서 흔히 양념치킨과 비교되는 것도 그 때문이다.

순살만을 골라쓰려면 닭을 한차례 더 가공해야 하고 그러자면 냉동 닭을 쓸 수밖에 없다. 하지만 만석닭강정은 닭 한 마리를 전부 닭강정으로 만든다. 한 박스의 닭강정을 시키면 닭 한 마리가 통째로 들어가는 것이다. 그래서 닭의 어느 부위인지 도통 알 수 없는 일반적인 닭강정과는 다르게 먹다보면 닭 한 마리의 세세한 부위를 느끼며 먹을 수 있다.

닭 한 마리를 통째로 쓰다 보니 닭의 출처도 분명하다. 하림과 올품의 닭을 주로 쓰는데, 두 업체를 경쟁시켜 더 신선한 닭을 쓰니 좋은 닭이 들어올 수밖에 없다고. 얼리지 않은 국내산 냉장육을 쓴다는 점이 믿을 만하다. 사실 요즘은 맛보다는 재료의 안전성에 더 비중을 두는 분위기라 주전부리로 먹는 간식도 하나하나 꼼꼼하게 따지게 된다. 무엇보다 아이들과 함께 먹어도 좋다는 말에 마음이 놓인다.

프라이드, 보통 맛, 핫끈한 맛

'보통 맛'은 어린애들도 먹을 수 있는 순한 맛이고
'핫끈한 맛'은 살짝 매운 맛으로 입맛을 당기는
정도의 매콤함이다. 많이 맵지는 않다. 전체적으로
자극적인 맛 보다는 순한 맛을 선호하는 사람의
입에 맞을 듯하다. 뼈 있는 닭강정이라 소스가
묻은 '보통맛'과 '핫끈한 맛'은 먹기에 다소 불편한
감도 있지만 뼈를 발라내며 먹는 맛도 나쁘지
않다. 뜨거울 때는 닭의 육질이 좋고 차가워지면
소스 맛이 더 진해진다. 프라이드는 소스를
묻히지 않은 치킨으로 일반 통닭집의 프라이드
치킨과 같다. 짜지 않아 심심한 맛을 좋아하는
사람에게 안성맞춤이다. 통닭을 주문할 때처럼
프라이드 반, 닭강정 반 이렇게 반반 주문도
가능하다.

TIP

택배도 되나요? YES
대규모의 닭강정집이다 보니 타 지방에서 택배로
시켜 먹는 사람도 많다. 10마리 단위로 택배비
4천원을 받는다. 하루 정도 지나고 먹어도 바삭하고
맛있다는 평판이 있어서 택배로 시켜먹을만하다는
후문. 택배는 하루 걸린다. 여름에는 더운 날씨
때문에 소스가 눅눅해져서 불가능하고 가을부터
봄까지만 택배서비스를 한다.

AND
만석닭강정은 실온에서 2~3일 정도 보관이
가능하다. 냉장보관해도 많이 눅눅해지지 않는다.
당일생산 당일판매를 원칙으로 한다.

BUT
포장해 가는 손님이 대부분이다. 중앙시장점은 먹고
갈 수 있는 자리가 없고 본점인 엑스포점에는 2층에
먹고 갈 수 있는 테이블이 마련되어 있다. 단 일반
맥주도 따로 팔지 않는 휴게실 분위기라 먹고 가는
사람은 드물다. 닭뼈가 그대로 들어있어서
프라이드는 일반 치킨과, 닭강정은 양념 치킨과 다소
비슷한 느낌이다. 속초에 놀러왔다면 먹고 갈 만
하지만 굳이 다른 지방에서 택배까지 시켜서 먹을
정도는 아니라는 의견도 많다.

INFO
address_ 강원도 속초시 조양동 1549-2
telephone _ 1577-9042,
www.만석닭강정.net
time_ 09:00~21:00 (평일엔 18:00, 주말엔
19:00부터는 더 생산하지 않고 남아있는 수량
내에서 판매)

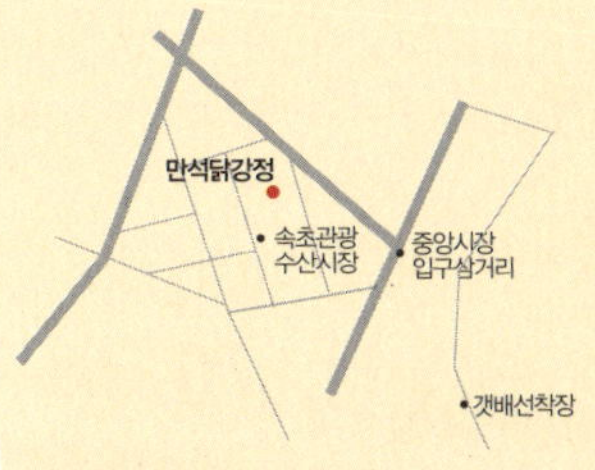

이북식 순대와 속초식 순대의 만남

속초_아바이순대 & 오징어순대

● 　　　아바이순대는 북한말로 '할아버지 순대'라는 뜻이다. 옛날 이북에서
순대는 할아버지 환갑 같은 큰 잔칫상에나 오르는 귀한 음식이었다. 잔칫날 돼지를
잡으면 돼지피를 이용하여 순대부터 만들었단다. 그래서 순대 앞에 엉뚱하게도
할아버지라는 이름이 붙었는데 이를 북한식 사투리로 옮기면 '아바이순대'가 된다.
피난세대였던 우리네 할머니 할아버지가 돌아가시기 전, 그러니까 얼마 전까지도
속초에는 실향민이 많았다. 대표적인 곳이 지금의 아바이마을이다. 실향민들이 고향 갈
날을 기다리며 북한과 가까운 곳에 터전을 잡고 살면서 팔던 이북순대가 아바이순대다.
남한에서 처음 아바이순대를 팔기 시작한 단천식당 윤복자 할머니는 함경도 단천

출신이다. 피난 내려왔다가 속초에서
할아버지를 만나 결혼 하면서 22살 때부터
먹고 살기 위해 아바이마을에 아바이순대집을
차렸다.

그때는 순대집이라고는 단천식당 하나밖에

실향민들이 북한과
가까운 곳에 터 잡고 살던
아바이마을에서 팔던
이북 순대가 바로
아바이순대다.

없었다. 장사가 좀 된다 싶어지면서 순대집이 하나 둘 늘어났고 드라마 '가을동화'와
예능프로 '1박2일'이 다녀가면서 10년 새 아바이마을을 꽉 채우고도 남을 만큼
늘어났다. 지금은 다리도 놓였지만 예전에는 갯배밖에 없었다. 지금도 갯배를 타는
이색적인 재미만은 그대로 느낄 수 있어 속초에 온 사람이라면 아바이마을에 들러
아바이순대를 먹고 갈 정도로 속초의 명물이다.

옛날에는 아바이순대도 지금처럼 그 모양이나 맛이 풍성하지 않았다. 오로지
시래기와 돼지피만 들어갔는데 실은 그게 진짜 이북식이다. 다소 빈약한 원래의
순대에 찹쌀과 갖은 야채를 넣어 지금의 아바이순대를 만든 건 단천식당 윤복자
할머니였다. 할아버지가 속초 앞바다에서 잡아오는 오징어 속에 소를 채워
오징어순대를 만든 것도 윤복자 할머니다.

일반 순대와 가장 다른 것은 아바이순대와 오징어순대 모두 찹쌀이 들어간다는
점이다. 진득한 밥이 순대 안에 들어가니 밥을 먹어야 식사가 끝나는 한국 사람의
한 끼 식사대용으로도 손색없다. 간단히 먹는 간식이지만 배를 든든히 채워준다.
오징어순대는 한 번 찌고 썰어 낸 후 달걀 물을 입혀 다시 전처럼 지져낸다. 달걀물을

입혀 지지는 것은 오징어피 밖으로 내용물이 새는 것을 막기 위한 것이다. 덕분에 내용물이 새어 나오지 않는 것은 물론이고 부침개처럼 고소한 맛이 가미된다. 막걸리 안주로도 딱이다.

단천식당에서 파는 순대국밥도 전혀 느끼하거나 자극적이지 않고 담백한 맛을 자랑한다. 사골국물로 육수를 내는데 조미료 맛도 거의 느껴지지 않아 짜거나 매운 음식보다는 수수한 맛을 좋아하는 사람의 입에 잘 맞는다. 어린아이들도 먹을 수 있을 정도로 맑고 담백하다. 할머니는 생의 대부분을 이북식 순대인 아바이순대와 직접 개발한 오징어순대를 팔았다. 순대 장사만 53년을 했다. 지금은 자식들이 뒤를 이어받아 장사를 하고 할머니는 바쁠 때만 잠깐씩 돕는다. 그리고 순대 속을 직접 만들어 일일이 대나무꼬챙이로 채워넣던 시절을 지나 손자가 하는 순대공장에서 순대를 만들어 온다.

할머니가 직접 비법을 전수해 손자가 공장을 차렸고, 공장에서 만든 순대를 아바이마을의 순대식당 여러 곳에 공급한다. 그러니 아바이마을 어디나, 원조집이나 새로 생긴 집들이나 순대 맛이 비슷하다는 속초 사람들의 말도 틀린 말은 아니다.

처음 아바이순대를 팔기 시작한 단천식당. 할머니에게 비법을 전수받은 손자가 순대 공장을 차렸다.

단천식당의 순대국밥은
느끼하거나 자극적이지
않고 담백한 맛을 자랑한다.
또 아바이마을 순대집들의
공통 메뉴인 명태초무침도
인기 만점.

돌이켜보면 지금의 맛 좋은 순대가 '그 때 그 맛'을 따라가지 못한다고 할머니는 말한다.
그 시절의 배고픔과 감정적 결핍이 아마도 순대를 더 맛있게 느끼게 했을 테다.
아바이마을의 순대집에서 공통적으로 내놓는 메뉴가 한 가지 더 있는데 바로
명태초무침이다. 11살에 속초로 피난온 할머니는 17살에 젓갈공장에서 명란식혜와
가자미식혜 만드는 법을 배웠다. 단천식당이 아바이순대와 함께 자신 있게 내놓는
명란회냉면이나 맛배기로 시켜 먹을 수 있는 가자미식혜도 할머니가 이때부터
터득한 요리법이다. 그래서 단천식당에서는 순대나 냉면 외에도 맛배기 가자미회와
명태초무침을 각각 5천 원씩에 팔고 있다. 순대랑 먹어도 맛있고 맨밥에 먹어도
밥도둑이다.
다리가 놓인 후 아바이마을로 가는 갯배는 관광용이 됐고 아바이마을에는 이제 실향민
1세대도 거의 없지만 아바이순대와 오징어순대만큼은 세대를 초월해 변함없이 속초와
아바이마을 최대의 명물이다.

아바이순대

순대에 찹쌀과 갖은 야채를 넣어 맛이 풍성하고 푸짐하다. 속초의 명물 간식이다.

오징어순대

오징어 속에 소를 가득 채운 것을 잘 찐 후에 썰어서 달걀 물을 입혀 다시 한 번 전처럼 지져낸다.

TIP

택배도 되나요? YES(단천식당)
아바이순대는 냉동된 진공상태로 보내주고 오징어순대는 썰지 않은 통마리로 보내준다. 아바이순대는 집에서 먹을 때 봉지채로 끓는 물에 한번 살짝 데쳐 전자레인지나 냄비에 쪄 먹고, 오징어순대는 잘라서 계란 물을 직접 입혀 지져 먹으면 된다. 택배로 주문하면 현장에서 먹는 것보다 싸다. 아바이순대는 식당에서 먹는 양보다 많은 1팩이 1만원, 오징어순대는 통으로 1마리에 6천원이다. 10만 원 이하는 택배비 5천원이 추가된다. 택배는 하루 걸리지만 냉동 상태로 보내주기 때문에 괜찮다.
식당가격 : 아바이순대 · 오징어순대 1~3만원, 모듬순대 2만원, 순대국밥 · 명태회냉면 · 가자미회냉면 7천원, 맛배기 가자미회무침 · 명태초무침 5천원.

AND
먹고 난 후 포장해서 가져와도 두고 먹기에 썩 괜찮다. 먹을 때마다 프라이팬에 살짝 데워 먹으면 맛있다. 명태회무침과 함께 먹어야 더 입맛이 돈다.

BUT
꼭 원조집을 고집할 필요는 없다. 옛날처럼 집집마다 순대를 직접 만들지 않고 공장에서 순대를 가져오기 때문에 맛은 어디나 비슷비슷한 편이다.

INFO
address_ 강원도 속초시 청호동 842(단천식당)
telephone_ 033-632-7828
time_ 7:00~21:00

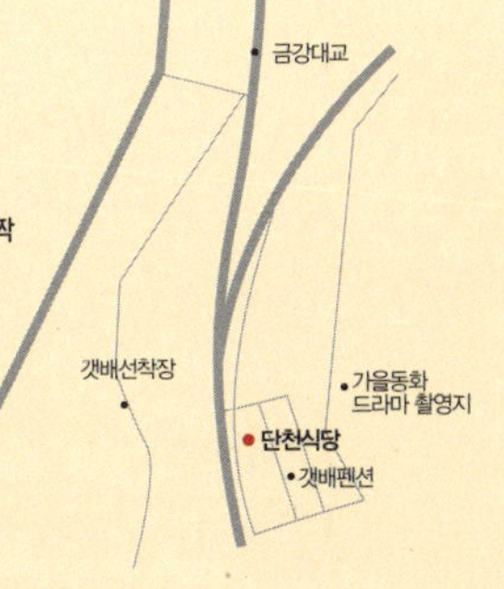

마가린에 튀겨 바삭바삭

속초 _ 찹쌀호떡

● 　　속초에도 부산처럼 찹쌀호떡이 있다. 속초에 사는 부부가 부산 남포동에서
비법을 배워온 씨앗호떡에 나름의 방법을 가미해 새로운 느낌의 호떡을 만들었다.
속초에서는 나름 명물의 반열에 올랐다. 속초 찹쌀호떡의 가장 독특한 점은 호떡을
마가린에 튀긴다는 점이다. 호떡 철판에 마가린 녹은 물이 흥건하다. 캐러멜 녹은 물
같기도 하고 커피물 같기도 하다. 마가린은 일반기름보다 불조절에 더 민감하기 때문에
더 신경을 써야 한다. 호떡을 만드는 재료비 중 마가린의 비중이 가장 크다.

그럼에도 호떡을 튀길 때 마가린을 고집하는 이유는 식용유에 튀긴 호떡보다 덜
느끼하고 바삭하면서도 식어도 먹을 만 하다는 점 때문이다. 일반 호떡보다 조금 더 바싹
튀겨낸 속초의 찹쌀호떡은 튀긴 빵 같은 느낌이 있는 부산 남포동의 호떡과는 달리 과자
느낌이 강하고 더 얇고 바삭바삭하다.

부산 씨앗호떡처럼 해바라기씨, 호박씨, 땅콩, 건포도, 아몬드 등 11가지 재료를 두루
갈아 넣는다. 계피가루를 섞은 설탕에도 5개의 재료가 들어간다. 뭐니뭐니해도 가장
중요한 건 호떡의 반죽이다. 반죽에 찹쌀을 많이 넣어 튀기자마자 바삭하게 먹을 수 있고

식을수록 쫄깃해진다. 반죽에 들어가는 재료들은
비밀이라지만 전체 반죽에 들어가는 찹쌀의
양만큼은 상당하다. 속초에서는 나름 유명세를
떨쳤는데 한창 잘 될 때는 줄을 100m씩 섰고
하루 2천개의 호떡을 굽기도 했단다. 호떡

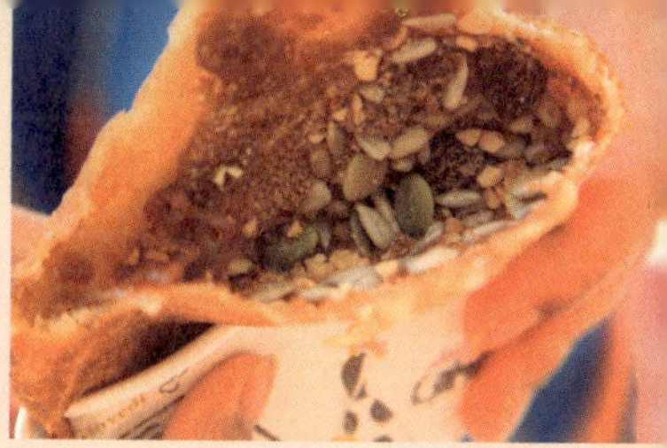

옆으로는 뻥튀기 아이스크림도 함께 판다. 동그란
뻥튀기 안에 소프트아이스크림을 가득 넣고
팥을 넣으면 일명 '뻥튀기싸만코'가 된다. 뻥튀기싸만코는 혼자서는 다 먹지 못할 만큼
푸짐하다. 하나로 둘이 나누어 먹으면 알맞은 크기다. 먼저 호떡으로 바삭바삭 고소한
간식을 먹은 후 뻥튀기사만코로 입가심하기 좋다.

찹쌀호떡

마가린에 바싹 튀겨 식용유에 튀긴 호떡보다 덜
느끼하고 바삭하다. 빵 같은 느낌의 부산
씨앗호떡에 비해 얇고 바삭하며 안에는 씨앗이
가득 들어있다.

뻥튀기 싸만코

호떡과 함께 인기 메뉴인 '뻥튀기 싸만코'. 동그란
뻥튀기 안에 소프트 아이스크림을 가득 넣고
팥을 넣어 만든 시장표 아이스크림.

야들야들 쫄깃한 맛 하얗고 투명한

강릉_감자송편

● 　　깨나 콩 대신 달달한 팥이 든 쫄깃한 감자송편. 하얗고 투명한 감자피가
눈부터 사로잡는다. 김이 모락모락 나는 투명한 피부가 새초롬하다. 여기저기 콩이
박히고 손가락 자국이 확연히 나 있는 못생긴 감자떡은 그런대로 익숙하지만 단아하고
순결한 아가씨 같은 하얗디하얀 감자송편은 좀 생소하다. 겉은 속에 든 팥이 비칠
정도로 투명하고 속은 달달하고 곱고 검은 팥이 적당히 들었다. 감자떡이 투박하고 거친
맛이라면 감자송편은 곱고 야들야들한 맛이다. 그 쫄깃함에는 감히 따라올 떡이 없어
보인다. 감자의 새로운 변신이다.

달콤한 팥이 수수한 맛의 감자피와 잘 어우러지는데 검정팥이 가득 든 바람떡을
좋아하는 내 취향에도 딱이다. 팥이 든 감자송편은 바람떡의 감자 버전 같기도 하다.
반면 감자송편에는 바람 대신 쫄깃함이 가득 들었다. 뜨거울 때 먹으면 고소하고
식을수록 쫄깃한 식감이 더 살아난다. 감자가루로 떡을 빚으니 쌀가루 반죽보다
더 쫄깃하고 찰지다.

찜기통에 물이 끓으면 감자송편을 얹고 7~8분 찐 다음 찬물을 끼얹어 꺼내는데 찬물을
끼얹는 건 가뜩이나 쫄깃한 감자반죽을 더
쫄깃하게 만드는 비법이랄까. 여기에 참기름이나
들기름을 바르면 완성이다.

강원도에는 유독 감자로 된 음식이 많다. 감자를
그냥 삶아 먹기도 하지만 감자전이나 감자떡도

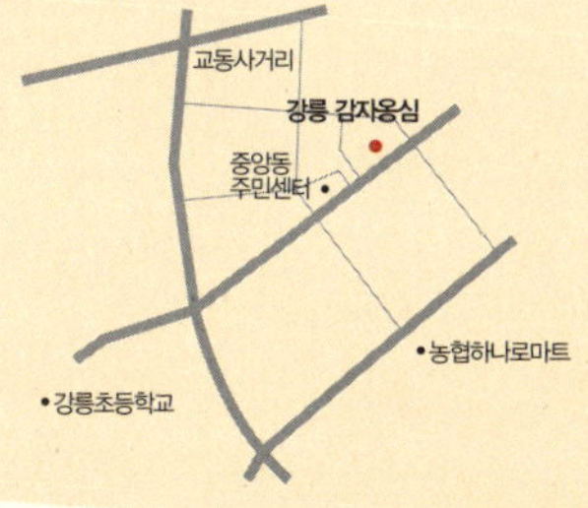

흔하다. 척박한 환경에서도 잘 자라 이유로 강원도 힘의
원천으로 상징되는 감자. 강원도 사람들은 그렇게 우직하게
감자를 캐먹으며 척박한 땅에서 잘도 버텨냈다. 감자송편은
그런 강원도 사람들에게는 친근한 간식 중 하나다. 거친 속을 부드럽게
달래준다. 그래서일까 감자송편에서 뭔지 모를 강원도 사람들의 단단한
우아함이 느껴진다.

감자송편

쫄깃하고 야들야들한 맛으로 담백함과
고소함, 달달한 맛을 두루 오고 간다.
식사와 함께 곁들여도 손색없는 맛이고
간식으로만 먹어도 좋다. 감자송편
4,000원, 감자옹심이 5,000원.

TIP

택배도 되나요? YES
찌기 전 상태의 송편이 배달된다. 찜통에 7~8분 동안 찐 후
찬물을 끼얹고 참기름이나 들기름을 발라 먹으면 된다.

AND
'강릉감자옹심'집은 사실 감자옹심과 옹심이칼국수로 더
유명하다. 감자송편과 함께 감자옹심이를 꼭 먹어보자.
옹심이는 쫄깃한 동시에 생감자가 서걱이는 독특한 맛으로
다른 곳에서는 흔히 맛볼 수 없는 감자옹심이의 진수를 느낄
수 있다.

BUT
'강릉감자옹심'집은 가정집을 그대로 식당으로 쓰고 있어서
테이블이 많지 않다. 주말 점심시간에는 좀 기다려야 할 수도
있다. 또 주인 할머니가 음식을 만드는데 그를 돕는 손도 많지
않아 음식 서빙이 느린 편이다.

INFO
address_ 강원도 강릉시 토성로 171
telephone_ 033-648-0340
time_ 10:30~19:00

옛날 빵과 오래된 주전부리를 찾아가는

출출한 간식 여행

1판 1쇄 인쇄 2014년 6월 25일
1판 1쇄 발행 2014년 6월 30일

지은이	이송이
펴낸이	정원정, 김자영
편집	홍현숙
디자인	나나바나
사진	이송이, 김주미

펴낸곳	즐거운상상
주소	서울시 종로구 필운대로 5길 26-1(누하동 158-3)
전화	02-706-9452 팩스 02-706-9458
전자우편	happywitches@naver.com
출판등록	2001년 5월 7일
인쇄	선경프린테크

ISBN 979-11-5536-014-9